Probability at Saint-Flour

For further volumes:
http://www.springer.com/series/10212

Saint-Flour Probability Summer School

Founded in 1971, the Saint-Flour Probability Summer School is organised every year by the mathematics department of the Université Blaise Pascal at Clermont-Ferrand, France, and held in the pleasant surroundings of an 18th century seminary building in the city of Saint-Flour, located in the French Massif Central, at an altitude of 900 m.

It attracts a mixed audience of up to 70 PhD students, instructors and researchers interested in probability theory, statistics, and their applications, and lasts 2 weeks. Each summer it provides, in three high-level courses presented by international specialists, a comprehensive study of some subfields in probability theory or statistics. The participants thus have the opportunity to interact with these specialists and also to present their own research work in short lectures.

The lecture courses are written up by their authors for publication in the LNM series.

The Saint-Flour Probability Summer School is supported by:

- Université Blaise Pascal
- Centre National de la Recherche Scientifique (C.N.R.S.)
- Ministère délégué à l'Enseignement supérieur et à la Recherche

For more information, see back pages of the book and
http://math.univ-bpclermont.fr/stflour/

Jean Picard
Summer School Chairman
Laboratoire de Mathématiques
Université Blaise Pascal
63177 Aubière Cedex
France

Yves Guivarc'h • John F.C. Kingman
François Ledrappier

Dynamical Systems and Ergodic Theory at Saint-Flour

Springer

Yves Guivarc'h
Université de Rennes 1
IRMAR
Rennes Cedex
France

John F.C. Kingman
Bristol
United Kingdom

François Ledrappier
University of Notre Dame
Department of Mathematics
Notre Dame Indiana
USA

Reprint of lectures originally published in the Lecture Notes in Mathematics volumes 539 (1976), 774 (1980) and 1097 (1984).

ISBN 978-3-642-25965-4
Springer Heidelberg Dordrecht London New York

Library of Congress Control Number: 2011944822

Mathematics Subject Classification (2010): 60F15; 60G10; 60G50; 28D05; 47A35; 54H20; 60B15; 60F99

Printed on acid-free paper

Springer is part of Springer Science+Business Media (www.springer.com)

Preface

The *École d'Été de Saint-Flour*, founded in 1971 is organised every year by the *Laboratoire de Mathématiques* of the *Université Blaise Pascal* (Clermont-Ferrand II) and the *CNRS*. It is intended for PhD students, teachers and researchers who are interested in probability theory, statistics, and in applications of stochastic techniques. The summer school has been so successful in its 40 years of existence that it has long since become one of the institutions of probability as a field of scholarship.

The school has always had three main simultaneous goals:
1. to provide, in three high-level courses, a comprehensive study of 3 fields of probability theory or statistics;
2. to facilitate exchange and interaction between junior and senior participants;
3. to enable the participants to explain their own work in lectures.

The lecturers and topics of each year are chosen by the Scientific Board of the school. Further information may be found at http://math.univ-bpclermont.fr/stflour/

The published courses of Saint-Flour have, since the school's beginnings, been published in the *Lecture Notes in Mathematics* series, originally and for many years in a single annual volume, collecting 3 courses. More recently, as lecturers chose to write up their courses at greater length, they were published as individual, single-author volumes. See www.springer.com/series/7098. These books have become standard references in many subjects and are cited frequently in the literature.
As probability and statistics evolve over time, and as generations of mathematicians succeed each other, some important subtopics have been revisited more than once at Saint-Flour, at intervals of 10 years or so .

On the occasion of the 40th anniversary of the *École d'Été de Saint-Flour,* a small ad hoc committee was formed to create selections of some courses on related topics from different decades of the school's existence that would seem interesting viewed and read together. As a result Springer is releasing a number of such theme volumes under the collective name "Probability at Saint-Flour".

Jean Bertoin, Erwin Bolthausen and K. David Elworthy

Jean Picard, Pierre Bernard, Paul-Louis Hennequin
(current and past Directors of the *École d'Été de Saint-Flour*)

September 2011

Table of Contents

SUBADDITIVE PROCESSES

PAR J.F.C. KINGMAN

Originally published in: *Ecole d'Eté de Probabilités de Saint-Flour V – 1975*, Lecture Notes in Mathematics, Vol. **539**, 167–223, DOI: 10.1007/BFb0079697, © Springer-Verlag Berlin Heidelberg 1976, Reprint by Springer-Verlag Berlin Heidelberg 2012

CHAPTER 1

THE ERGODIC THEOREM

1.1 - Why study subadditive processes ?

The concept of a subadditive random process first arose in a paper by Hammersley and Welsh [8] on problems of percolation in networks. They observed that certain families of random variables satisfied inequalities which, could they be replaced by equalities, would enable the classical laws of large numbers to be applied. They boldly conjectured, and went some way towards proving, that these laws may be applied to the families they encountered.

In the decade since their paper was published, it has become clear that their axioms are satisfied by random variables arising in a number of different contexts, and I will describe these in chapter 2. Moreover I was able to establish the Hammersley-Welsh conjecture by proving an ergodic theorem for subadditive processes [15] which is a complete generalisation of the Birkhoff - Von Neumann theorem for stationary random sequences. Thus a law of large numbers is available for a variety of problems to which the usual results do not apply.

The definition then is motivated by the problems to which the theory is to be applied, and is as follows. A subadditive process is a family of real random variables

$$X_{st} \quad (s, t \in \mathbb{Z}, \ s < t), \qquad (1.1.1)$$

all defined of course on some underlying probability space, indexed by two integer-valued variables s and t, with s < t, and satisfying three axioms :

(S_1) whenever $s < t < u$,

$$X_{su} \leqslant X_{st} + X_{tu} \ ; \qquad (1.1.2)$$

(S_2) *the joint distribution of* (X_{st}) *are the same as those of* ($X_{s+1,t+1}$) ;

(S_3) X_{ot} *has a finite expectation*

$$g_t = \mathbb{E}\,(X_{ot}) , \tag{1.1.3}$$

which satisfies

$$g_t \geqslant -\,At \tag{1.1.4}$$

for some constant A and all $t > 1$.

The assumption (S_1) is the one which gives the whole theory its characteristic flavour, (S_2) is a condition of stationarity, and (S_3) brings the random variables into L_1, where ergodic theory may be supposed to operate. The condition (1.1.4) may appear a little odd, but the reason for it is as follows.

From (S_2),

$$\mathbb{E}\,(X_{st}) = \mathbb{E}\,(X_{s+1,t+1}),$$

from which it follows that

$$\mathbb{E}\,(X_{st}) = g_{t-s} \tag{1.1.5}$$

for all $s < t$. Taking expectations in (1.1.2), we therefore have

$$g_{u-s} \leqslant g_{t-s} + g_{u-t} ,$$

or

$$g_{m+n} \leqslant g_m + g_n \quad (m,\ n \geqslant 1) \tag{1.1.6}$$

Fix a positive integer k. Then for any $r \geqslant 1$ and $1 \leqslant s \leqslant k$, induction on (1.1.6) yields

$$g_{rk+s} \leqslant rg_k + g_s .$$

Hence

$$\limsup_{r\to\infty} \frac{g_{rk+s}}{rk+s} \leqslant \limsup_{r\to\infty} \frac{rg_k + g_s}{rk + s} = \frac{g_k}{k} .$$

Since this is true for $s = 1, 2, \ldots, k$, we have

$$\limsup_{n\to\infty} \frac{g_n}{n} \leqslant \frac{g_k}{k} \tag{1.1.7}$$

This holds for all k, and taking lower limits as $k \to \infty$,

$$\limsup_{n\to\infty} \frac{g_n}{n} \leq \liminf_{k\to\infty} \frac{g_k}{k} .$$

Hence g_n/n converges to a limit, which by (1.1.7) cannot be $+\infty$. Condition (1.1.4) is just what is needed to ensure that the limit is not $-\infty$. In fact, we have established the following result.

Theorem 1.1

The finite limit

$$\gamma = \lim_{n\to\infty} g_n/n \tag{1.1.8}$$

exists, and

$$\gamma = \inf_{n\geq 1} g_n/n \tag{1.1.9}$$

The constant γ turns out to be of central importance, as can be see by considering two very special cases. Suppose first that the random variables X_{st} are not in fact random, but that each takes only one value. Then (1.1.5) shows that

$$X_{st} = g_{t-s}$$

In particular, (1.1.8) can then be written

$$\lim_{t\to\infty} X_{ot}/t = \gamma \tag{1.1.10}$$

Secondly, suppose that the inequality (1.1.2) is actually satisfied with equality :

$$X_{su} = X_{st} + X_{tu} \tag{1.1.11}$$

Then

$$X_{st} = \sum_{j=s+1}^{t} Y_j , \tag{1.1.12}$$

when the random variables

$$Y_j = X_{j-1,j} \tag{1.1.13}$$

form a stationary sequence because of (S_2). Hence

$$g_n = n\,\mathbb{E}(Y_1),$$

so that

$$\gamma = \mathbb{E}(Y_1)$$

In this case the pointwise ergodic theorem (or strong law of large numbers) for stationary sequences ensures that the limit

$$\xi = \lim_{t\to\infty} X_{ot}/t = \lim_{t\to\infty} t^{-1} \sum_{j=1}^{t} Y_j \qquad (1.1.14)$$

exists with probability one, and that

$$\mathbb{E}(\xi) = \gamma \qquad (1.1.15)$$

Moreover, if there is any way of proving that ξ is degenerate, (1.1.15) shows that $\xi = \gamma$, so that (1.1.10) holds with probability one.

Thus two quite different special cases lead to the conclusion that the limit (1.1.14) exists with probability one, and this suggests the possibility that it may exist for all subadditive processes. This is indeed true, and the main purpose of this chapter is to prove it and to establish the properties of the limit ξ.

1.2. The maximal ergodic lemma

In classical ergodic theory the usual route to the Birkhoff-Von Neumann theorem goes by way of this lemma, of which a beautifully simple proof was given by Garsia [6]. It turns out that Garsia's argument applies, almost without change, to subadditive processes.

As a matter of notation, we shall in this chapter consistently use primes to represent a shift of the parameter set $\mathbb{Z}$. Thus we write

$$X'_{st} = X_{s+1,t+1} \qquad (1.2.1)$$

and use a similar notation for random variables defined as functions of the X_{st}.

Theorem 1.2

Let (X_{st}) be a subadditive process, and write

$$A = \{X_{ot} \geq 0 \quad \text{for some } t \geq 1\} \tag{1.2.2}$$

Then

$$\int_A X_{01} \, d\mathbb{P} \geq 0. \tag{1.2.3}$$

(Here A is of course a measurable subset of the underlying probability space, and $\mathbb{P}$ is the probability measure).

Proof

Write $M_t = \max_{1 \leq s \leq t} X_{os}$

Then

$$\begin{aligned} M_t \leq M_{t+1} &= \max (X_{01}, \max_{1\leq s\leq t} X_{0,s+1}) \\ &\leq \max (X_{01}, \max_{1\leq s\leq t} (X_{01} + X_{1,s+1})) \\ &= X_{01} + \max (0, \max_{1\leq s\leq t} X'_{0s}) \\ &= X_{01} + \max (0, M'_t). \end{aligned}$$

Therefore, if I_t is the indicator of the event $\{M_t \geq 0\}$, we have

$$\begin{aligned} \mathbb{E}(M_t I_t) &\leq \mathbb{E} \{[X_{01} + \max (0, M'_t)] I_t\} \\ &\leq \mathbb{E}(X_{01} I_t) + \mathbb{E}\{\max (0, M'_t)\} \\ &= \mathbb{E}(X_{01} I_t) + \mathbb{E}\{\max (0, M_t)\}, \text{ using } (S_2), \\ &= \mathbb{E}(X_{01} I_t) + \mathbb{E}(M_t I_t). \end{aligned}$$

Hence $\mathbb{E}(X_{01} I_t) \geq 0$.

As $t \to \infty$, I_t increases to the indicator function of A, so that (1.2.3) follows and the proof is complete.

This result has some interest in its own right ; it can for instance be used as in [3] to set bounds on

$$\sup_{t \geq 1} X_{ot} / t$$

But it does not seem possible to use it directly to establish the ergodic theorem, because it is essentially one-sided and has no companion result with the inequalities reversed.

Having get so far, and to keep the analysis self-contained, we will take the opportunity to remind the reader how, in the additive case (1.1.12), the maximal ergodic lemma leads to the proof of the strong law of large numbers.

Theorem 1.3 (Birkhoff-Von Neumann)

Let $(Yn \; ; \; n = 1, 2, \ldots)$ be a stationary sequence of random variables with finite expectation. Then the limit

$$\eta = \lim_{n\to\infty} n^{-1} \sum_{j=1}^{n} Y_j \tag{1.2.4}$$

exists with probability one and in L_1 norm and

$$\mathbb{E}(\eta) = \mathbb{E}(Y_1) \tag{1.2.5}$$

Proof

Write $S_n = \sum_{j=1}^{n} Y_j$,

$$\text{and } \eta_* = \liminf_{n\to\infty} S_n/n \;, \quad \eta^* = \limsup_{n\to\infty} S_n/n \tag{1.2.6}$$

Note that η_* and η^* are invariant, in the sense that if $Y'_j = Y_{j+1}$, then

$$\eta'_* = \eta_* \quad , \; \eta^{*'} = \eta^*$$

It follows that, if B is any event of positive probability defined in terms of (η_*, η^*), then (Y_j) remains stationary if $\mathbb{P}$ is replaced by the conditional probability measure

$$\mathbb{P}_B(.) = \mathbb{P}(. \mid B).$$

We exploit this fact in two ways.

(i) Let $B = \{\eta^* > b\}$, where b is any constant such that $\mathbb{P}(B) > 0$.

Apply Theorem 1.2 with

$$X_{st} = \sum_{j=s+1}^{t} (Y_j - b),$$

and $\mathbb{P}$ replaced by $\mathbb{P}_B$, noting that $\mathbb{P}_B(A) = 1$ by (1.2.6). Then

$$\int (Y_1 - b)\, d\,\mathbb{P}_B \geqslant 0$$

or
$$\int_B Y_1\, d\mathbb{P} \geqslant b\, \mathbb{P}(B)$$

Since the left hand side is bounded by $\mathbb{E}|Y_1|$, this shows that

$$\mathbb{P}(\eta^* > b) \to 0$$

as $b \to \infty$, whence

$$\mathbb{P}(\eta^* < \infty) = 1.$$

An exactly similar argument, applied to

$$X_{st} = \sum_{j=s+1}^{t} (a - Y_j),$$

shows that $\mathbb{P}(\eta_* > -\infty) = 1$.

(ii) Now repeat the process, but with $B = \{\eta_* < a,\ \eta^* > b\}$, supposing that $\mathbb{P}(B) > 0$. Then we obtain

$$\int_B Y_1\, d\mathbb{P} \geqslant b\mathbb{P}(B), \quad a\mathbb{P}(B) \geqslant \int_B Y_1\, d\mathbb{P},$$

whence we deduce that $\mathbb{P}(\eta_* < a,\ \eta^* > b) = 0$ whenever $a < b$. Thus, with probability one, $-\infty < \eta_* = \eta^* < \infty$, so that the finite limit (1.2.4) exists.

To prove convergence in the L_1 norm $||.|| = \mathbb{E}|.|$, let $\varepsilon > 0$ and choose C so large that

$$||\tilde{Y}_1 - Y_1|| < \frac{1}{4}\varepsilon,$$

where
$$\tilde{Y}_n = Y_n \text{ if } |Y_n| \leqslant C$$
$$= 0 \text{ if } |Y_n| > C.$$

The sequence $\tilde{Y}_n$ is also stationary, so that

$$\tilde{\eta} = \lim_{n\to\infty} \tilde{S}_n/n$$

exists, and $||n^{-1}\tilde{S}_n - \tilde{\eta}|| \to 0$

by bounded convergence. Moreover,

$$||n^{-1}\tilde{S}_n - n^{-1} S_n|| \leq n^{-1} \sum_{j=1}^{n} ||\tilde{Y}_j - Y_j|| = ||\tilde{Y}_1 - Y_1|| < \frac{1}{4}\varepsilon$$

Since $\lim (n^{-1}\tilde{S}_n - n^{-1} S_n) = \tilde{\eta} - \eta$,

Fatou's lemma shows that

$$||\tilde{\eta} - \eta|| \leq \frac{1}{4}\varepsilon$$

Thus, if N is chosen so that

$$||n^{-1}\tilde{S}_n - \tilde{\eta}|| < \frac{1}{2}\varepsilon \qquad (n \geq N),$$

we have $||n^{-1} S_n - \eta|| < \frac{1}{4}\varepsilon + \frac{1}{2}\varepsilon + \frac{1}{4}\varepsilon = \varepsilon$

for $n \geq N$. This shows that

$$S_n/n \to \eta$$

in L_1 norm. In particular,

$$\mathbb{E}(\eta) = \lim_{n\to\infty} \mathbb{E}(S_n/n) = \mathbb{E}(Y_1),$$

and the proof is complete.

1.3 - The easy half of the ergodic theorem

It turns out that Theorem 1.3 is all that is needed to establish most of the ergodic properties of a general subadditive process. In this section we get as much as possible from these relatively simple arguments, leaving till the next section the difficult final step.

Theorem 1.4

Let (X_{st}) be a subadditive process. Then

$$\xi = \limsup_{t\to\infty} X_{ot}/t \tag{1.3.1}$$

<u>is almost surely finite, and satisfies</u>

$$\lim_{t\to\infty} \mathbb{E}\,|t^{-1} X_{ot} - \xi| = 0 \tag{1.3.2}$$

<u>and</u>

$$\mathbb{E}\,(\xi) = \gamma, \tag{1.3.3}$$

<u>where γ is given by (1.1.8).</u>

Equation (1.3.2) asserts that ξ is the L_1 limit of X_{ot}/t. Thus all that is needed to make theorem 1.4 into a complete generalisation to subadditive processes of theorem 1.3 is to complement (1.3.1) by showing that

$$\xi = \liminf_{t\to\infty} X_{ot}/t \; ;$$

This is the surprisingly difficult result.

<u>Proof</u>

Fix $k \geq 1$ and write $N(t)$ for the integral part of t/k. Then repeated application of (1.1.2) gives

$$X_{st} \leq \sum_{r=1}^{N(t)} X_{(r-1)k,rk} + X_{N(t)k,t}$$

$$\leq \sum_{r=1}^{N(t)} Y_r + W_{N(t)} ,$$

where $Y_r = X_{(r-1)k,\, rk}$

and $$W_N = \sum_{j=1}^{k-1} |X_{Nk,Nk+j}| .$$

By (S_2) the distribution of W_N is the same for all N, and $\mathbb{E}\,(W_1) < \infty$. Hence, for $\varepsilon > 0$,

$$\sum_{N=1}^{\infty} \mathbb{P}\,(W_N \geq \varepsilon N) = \sum_{N=1}^{\infty} \mathbb{P}\,(W_1 \geq \varepsilon N) \leq \varepsilon^{-1}\, \mathbb{E}\,(W_1) < \infty ,$$

and the Borel-Cantelli lemma shows that

$$\lim_{N\to\infty} W_N / N = 0$$

with probability one. Moreover, the sequence (Y_r) is stationary, with $\mathbb{E}\,(Y_1) = g_k$, and hence

$$\xi_k = \lim_{N\to\infty} (Nk)^{-1} \sum_{r=1}^{N} Y_r$$

exists, and $\mathbb{E}(\xi_k) = g_k / k$. Therefore,

$$\xi = \limsup_{t\to\infty} X_{ot} / t \leqslant \limsup_{N\to\infty} (Nk)^{-1} \{\sum_{r=1}^{N} Y_r + W_N\}$$

$$\leqslant \xi_k .$$

We have thus shown that there are random variables ξ_k for $k = 1, 2, 3\ldots$ such that

$$\xi \leqslant \xi_k , \quad \mathbb{E}(\xi_k) = g_k / k \tag{1.3.4}$$

Letting $k \to \infty$,

$$\mathbb{E}(\xi) \leqslant \gamma \tag{1.3.5}$$

Now consider the non-positive subadditive process

$$Z_{st} = X_{st} - \sum_{j=s+1}^{t} X_{j-1,j}$$

and write

$$\zeta_n = \sup_{t\geqslant n} Z_{ot} / t$$

Then ζ_n decreases with n to the limit

$$\limsup_{t\to\infty} Z_{ot} / t = \xi - \xi_1$$

By monotone convergence,

$$\lim_{n\to\infty} \mathbb{E}(\zeta_n) = \mathbb{E}(\lim_{n\to\infty} \zeta_n) = \mathbb{E}(\xi - \xi_1) = \mathbb{E}(\xi) - g_1,$$

but on the other hand

$$\lim_{n\to\infty} \mathbb{E}(\zeta_n) \geqslant \liminf_{n\to\infty} \mathbb{E}(Z_{on}/n) = \liminf_{n\to\infty} (n^{-1} g_n - g_1) = \gamma - g_1,$$

so that $\mathbb{E}(\xi) - g_1 \geqslant \gamma - g_1$,

which with (1.3.5) implies (1.3.3).

Examining the above chain of inequalities, we see that

$$\lim_{n\to\infty} \mathbb{E}(\zeta_n) = \lim_{n\to\infty} \mathbb{E}(Z_{on}/n),$$

so that

$$||\zeta_n - Z_{on}/n|| \to 0.$$

By monotone convergence

$$||\zeta_n - \xi + \xi_1|| \to 0.$$

Applying Theorem 1.3 with $Y_n = X_{n-1,n}$ we have

$$\left|\left| \frac{X_{on} - Z_{on}}{n} - \xi_1 \right|\right| \to 0.$$

These three results combine to give

$$\left|\left| \frac{X_{on}}{n} - \xi \right|\right| \to 0,$$

proving (1.3.2). This implies also that

$$\mathbb{E}(\xi) = \lim_{n\to\infty} \mathbb{E}(X_{on}/n) = \gamma,$$

and the proof is complete.

It may perhaps be important for some applications to note that this proof does not use the full force of the axiom (S_2). In their original formulation, Hammersley and Welsh used a weaker axiom

(S_{2a}) <u>the distribution of</u> X_{st} <u>depends only on</u> t-s.

At one time there seemed to be an interesting process (arising from the problem to be described in Section 3.3) which satisfied (S_1), (S_{2a}) and (S_3) but not (S_2). When Hammersley [10] raised this possibility, I remarked that the proof of Theorem 1.4 depended only on the property

(S_{2b}) <u>the sequence</u> $(X_{(r-1)k,rk}\,;\ r = 1,2,\ldots)$ <u>is stationary for all</u> $k \geqslant 1$.

which was also enjoyed by his example. In the event, this turned out to be a futile discussion, since it was pointed out by Joshi (quoted in [12]) that Hammersley's example does not even satisfy (S_1). But the possibility remains open that there may be interesting processes satisfying (S_{2b}) but not (S_2), and for these Theorem 1.4 is available.The axiom (S_{2a}) (which is neither weaker nor stronger than (S_{2b})) seems now to be of merely historical interest.

In the additive case, the limit η of the theorem 1.3 is classically identified as a conditional expectation of Y_1 relative to a certain σ-field. An analogous description of the corresponding limit ξ of Theorem 1.4 can likewise be given. To state the result, we denote by $\underline{\underline{I}}$ the completion of the σ-field of events defined in terms of the random variables X_{st} and invariant under the shift (1.2.1).

Theorem 1.5

The limit ξ in (1.3.1) may be written

$$\xi = \lim_{t\to\infty} t^{-1} \mathbb{E} (X_{ot} \mid \underline{\underline{I}}). \tag{1.3.6}$$

In particular, if $\underline{\underline{I}}$ is trivial, then

$$\lim_{t\to\infty} X_{ot} / t = \gamma \tag{1.3.7}$$

in L_1 norm.

Proof

Using primes as before to denote quantities defined with respect to the shifted process $(X_{s+1,t+1})$, we have

$$\xi' = \limsup_{t\to\infty} X_{1t}/t \geq \limsup_{t\to\infty} (X_{ot} - X_{01}) / t = \xi,$$

using (1.1.2). But, by (S_2) and (1.3.3),

$$\mathbb{E} (\xi') = \gamma = \mathbb{E} (\xi),$$

so that $\qquad \mathbb{P} (\xi' = \xi) = 1,$

and ξ is $\underline{\underline{I}}$-measurable.

Now let Φ_t be a version of the conditional expectation $\mathbb{E} (X_{ot} \mid \underline{\underline{I}})$. By (S_2),

$$\mathbb{E} (X_{st} \mid \underline{\underline{I}}) = \Phi_{t-s}$$

and (1.1.2) shows that

$$\Phi_{m+n} \leq \Phi_m + \Phi_n \tag{1.3.8}$$

with probability one. Hence, as in theorem 1.1,

$$\phi = \lim_{n\to\infty} \phi_n / n$$

exists with probability one.

If $I \in \underline{\underline{I}}$ has $P(I) > 0$, then (X_{st}) is still a subadditive process if $\mathbb{P}$ is replaced by the conditional probability measure $\mathbb{P}_I$, and $X_{ot}/t \to \xi$ in L_1 norm relative to $\mathbb{P}_I$. Hence

$$\mathbb{E}(\xi \mid I) = \lim_{t\to\infty} \mathbb{E}(t^{-1} X_{ot} \mid I) = \lim_{t\to\infty} \mathbb{E}(t^{-1}\phi_t) \mid I).$$

Taking m = n in (1.3.8) we see that the convergence of ϕ_t/t to ϕ is monotone if t is restricted to power of 2. With this restriction, we can use monotone convergence to deduce that

$$\mathbb{E}(\xi \mid I) = \mathbb{E}(\phi \mid I).$$

Hence

$$\int_I \xi \, d\mathbb{P} = \int_I \phi \, d\mathbb{P}$$

for all $I \in \underline{\underline{I}}$, and since ξ and ϕ are both $\underline{\underline{I}}$-measurable, this means that

$$\mathbb{P}(\xi = \phi) = 1,$$

and the theorem is proved.

We shall see later that, in all the applications so far explored, there is available a "zero-one law" showing that $\underline{\underline{I}}$ is trivial. Thus (1.3.7) is the typical situation, and emphasises the importance of the constant γ.

1.4 - The difficult half of the ergodic theorem

A subadditive process is called additive if (1.1.2) is satisfied in the stronger form of the equality

$$X_{su} = X_{st} + X_{tu} \qquad (s < t < u) \qquad (1.4.1)$$

It is already been remarked that additive processes admit a representation (1.1.12) in terms of a stationary sequence, and that their ergodic properties are therefore classical. In order to complete the analysis of the ergodic properties of subadditive processes which are not additive, we show that there always exists an additive process, lying below the subadditive process, and with the same value of γ.

At the time of preparing these lectures, this was the only known approach to the ergodic theorem, but during the Ecole, M. Yves Derrienic produced an ingenious proof of Theorem 1.7, replacing the appeal to compactness by an application of the maximal ergodic lemma to (1.4.13). This argument, which will be published elsewhere, does not establish Theorem 1.6, but it does give a more constructive approach to the fundamental ergodic result.

Theorem 1.6

Let (X_{st}) be a subadditive process. Then there is an additive process (A_{st}) satisfying

$$A_{st} \leqslant X_{st} \qquad (s < t) \tag{1.4.2}$$

and

$$\mathbb{E}\,(A_{01}) = \gamma.$$

Proof

Denote by Σ the collection of functions

$$x \;:\; \{(s,t)\;;\; s,t \in \mathbb{Z},\; s < t\} \to \mathbb{R}$$

which satisfy

$$x(s,u) \leqslant x(s,t) + x(t,u) \qquad (s < t < u) \tag{1.4.4}$$

and make Σ a measurable space in the usual way. Because of (1.1.2), the collection of real random variables X_{st} can be regarded as a random variable $\underline{X}$ taking values in Σ, and we denote by P the distribution of $\underline{X}$, so that P is a probability measure on Σ defined

$$P(B) = \mathbb{P}\,(\underline{X}^{-1} B) \tag{1.4.5}$$

The coordinate functions $j_{st} : x \to x(s,t)$ belong to the Banach space

$$L = L_1(\Sigma, P), \tag{1.4.6}$$

consisting of (equivalence classes of) functions $f : \Sigma \to \mathbb{R}$ with

$$||f|| = \int_\Sigma |f|\, dP = \mathbb{E}\, |f(\underline{X})| \tag{1.4.7}$$

finite.

A function $\Theta : \Sigma \to \Sigma$ is defined by

$$(\Theta x)(s, t) = x(s+1, t+1) \qquad (1.4.8)$$

By (S_2), Θ preserves the measure P, and in particular it induces an isometry $T : L \to L$ by the recipe

$$(Tf)(x) = f(\Theta x) \qquad (1.4.9)$$

The key to the proof is to establish the existence of a function $f \in L$ such that, for all $n \geq 1$,

$$f + Tf + \ldots + T^{n-1} f \leq j_{on} \qquad (1.4.10)$$

and such that

$$\int_\Sigma f \, dP = \gamma \qquad (1.4.11)$$

This is essentially a "linear programming" result : γ is the largest value that may be attained for $\int f \, dP$ if f satisfies (1.4.10) since integration of (1.4.10) gives

$$n \int f \, dP \leq \int j_{on} \, dP = g_n$$

If the existence of f is proved, the assertion of the theorem follows at once, since the random variables

$$A_{st} = \sum_{i=s+1}^{t} f(\Theta^{i-1} \underline{\underline{X}}) \qquad (1.4.12)$$

satisfy (1.4.2) and (1.4.3) as a consequence of (1.4.10) and (1.4.11), and form an additive process because $\Theta \underline{\underline{X}}$ has the same distribution as $\underline{\underline{X}}$.

To show that f exists, consider the function f_m in L defined for $m \geq 1$ by

$$f_m = m^{-1} \sum_{r=1}^{m} (j_{or} - j_{1r}),$$

with the convention that $j_{rr} = 0$. For any $n \geq 1$,

$$f_m + T f_m + \ldots + T^{n-1} f_m = m^{-1} \sum_{k=0}^{n-1} \sum_{r=1}^{m} (j_{k,k+r} - j_{k+1,k+r})$$

$$= m^{-1} \sum_{t=1}^{m+n-1} \sum_{s=a}^{b-1} (j_{st} - j_{s+1,t})$$

$$= m^{-1} \sum_{t=1}^{m+n-1} (j_{at} - j_{bt}),$$

where $a = \max(t-m, 0)$, $b = \min(t, n)$. Hence we have, applying (1.4.4),

$$f_m + T f_m + \ldots + T^{n-1} f_m \leq m^{-1} \sum_{t=1}^{m+n-1} j_{ab} \qquad (1.4.13)$$

Notice that, as $m \to \infty$ for fixed n, the right hand side of (1.4.13) converges to j_{on}. Moreover

$$\int_\Sigma f_m \, dP = m^{-1} \sum_{r=1}^{m} (g_r - g_{r-1}) = g_m / m \to \gamma.$$

Accordingly, if the sequence (f_m) has a limit point in a suitable topology for L, this limit point will satisfy (1.4.10) and (1.4.11).

Thus we have to use some sort of compactness argument. Burkholder [1] has shown how an elegant treatment of this point can be given using a theorem of Komlos [19]. But Komlos's theorem is itself a deap result, and I will use my original argument, which depends on the compactness of the unit ball in the second dual of a Banach space. (For the necessary results from Banach space theory, see for instance [4]).

The dual of L is the space $L^* = L_\infty(\Sigma, P)$ of equivalence classes of bounded measurable functions $\phi : \Sigma \to R$, acting on L by the formula

$$(\phi, f) = \int_\Sigma \phi f \, dP$$

The dual L^{**} of L^* is the space of bounded finitely additive set functions μ on Σ which vanish on P-null sets, and L^{**} acts on L^* by

$$(\mu, \phi) = \int_\Sigma \phi \, d\mu.$$

The natural embedding $\kappa : L \to L^{**}$ is represented by

$$(\kappa f)(A) = \int_A f \, dP$$

From (1.4.13) with n = 1,

$$\|f_m\| \leqslant \|j_{01}\| + \|j_{01} - f_m\| = \|j_{01}\| + \int (j_{01} - f_n) \, dP$$
$$= \|j_{01}\| + g_1 - g_m/m \leqslant \|j_{01}\| + g_1 - \gamma = M,$$

say. Hence the elements κf_m of L^{**} form a bounded sequence, which therefore has a limit point μ (say) in the weak* topology (the weakest topology on L^{**} which makes $\mu \to (\mu, \phi)$ continuous for all $\phi \in L^*$).

With this topology, the function $S : L^{**} \to L^{**}$ defined by $S_\mu = \mu(\Theta^{-1}.)$ is continuous, and $S\kappa = \kappa T$ on L. Hence,

$$\kappa f_m + S\kappa f_m + \ldots + S^{n-1} \kappa f_m \leqslant m^{-1} \sum_{t=1}^{m+n-1} \kappa j_{ab},$$

and since the right hand side converges as $m \to \infty$ to κj_{on}, we have

$$\mu + S\mu + \ldots + S^{n-1} \mu \leqslant \kappa j_{on}. \tag{1.4.14}$$

Moreover, since

$$(\kappa f_n, 1) = (1, f_n) = \int f_n \, dP = g_m / m \to \gamma$$

we have $(\mu, 1) = \gamma$,

or

$$\mu (\Sigma) = \gamma. \tag{1.4.15}$$

From (1.4.14) with $n = 1$, $(\kappa j_{01} - \mu)$ is a non-negative finitely additive set function, and hence by a theorem of Yosida and Hewitt (Theorem 1.2.3 of [24]) can be decomposed as the sum of a measure and a non-negative purely finitely additive set function. Hence

$$\mu = \lambda - \pi,$$

where λ is a signed measure and π is non-negative and purely finitely additive. From (1.4.14),

$$\lambda + S\lambda + \ldots + S^{n-1} \lambda \leqslant \kappa j_{on} + \pi_n,$$

where

$$\pi_n = \pi + S\pi + \ldots + S^{n-1} \pi.$$

Now $S\pi$ is purely finitely additive, for suppose ν is a measure $\leqslant S\pi$, there $S^{-1} \nu \leqslant \pi$ so that $S^{-1} \nu = 0$ and $\nu = 0$. Hence π_n being the sum of purely finitely additive functions, is also purely finitely additive (Theorem 1.17 of [24]) and therefore

$$\lambda + S\lambda + \ldots + S^{n-1} \lambda \leqslant \kappa j_{on}.$$

Evaluating these set functions on Σ,

$$n \lambda (\Sigma) \leqslant (\kappa j_{on}) (\Sigma) = g_n$$

and letting $n \to \infty$,

$$\lambda (\Sigma) \leqslant \gamma = \mu (\Sigma) = \lambda (\Sigma) - \pi (\Sigma).$$

Hence $\pi (\Sigma) = 0$, showing that $\mu = \lambda$ is a signed measure. Moreover, since $\mu \in L^{**}$, it vanishes on P-null sets, and the Radon-Nikodyn theorem shows that $\mu = \kappa f$ for some $f \in L$. Then (1.4.14) and (1.4.15) translate into (1.4.10) and (1.4.11) and the proof is complete.

Having proved Theorem 1.6, the ergodic theorem follows at once. If we use the notation of Theorem 1.4, and write ξ_A for the corresponding limit for the additive process A, then by (1.4.2) and Theorem 1.3,

$$\liminf_{t \to \infty} X_{ot} / t \geqslant \liminf_{t \to \infty} A_{ot} / t = \xi_A.$$

Hence $\xi \geqslant \xi_A$, but

$$\mathbb{E}(\xi) = \gamma = \mathbb{E}(\xi_A).$$

Therefore $\mathbb{P}(\xi = \liminf_{t \to \infty} X_{ot}) = 1$.

as required. Collecting together all these results, we therefore have the basic ergodic theorem.

<u>Theorem 1.7</u>

Let (X_{st}) be a subadditive process. Then the finite limit

$$\xi = \lim_{t \to \infty} X_{ot} / t \tag{1.4.16}$$

exists with probability one and in L_1 norm, and is given by (1.3.6).

1.5 - Some complementary remarks

(i) It should be stressed that the additive process whose existence follows from Theorem 1.6 is not usually unique. For instance, suppose that, for each i in the finite index set, A^i_{st} denotes an additive process with trivial invariant σ-field, and suppose that

$$a = \mathbb{E}(A^i_{01})$$

is independent of i. Then it is easy to check that

$$X_{st} = \max_i A^i_{st}$$

is a subadditive process. Since

$$\mathbb{P}(\lim_{t \to \infty} A^i_{ot} / t = a) = 1,$$

it follows that

$$\mathbb{P}\,(\lim_{t\to\infty} X_{ot} / t = a) = 1$$

Hence $\gamma = a,$

and any convex combination

$$A_{st} = \sum_i p_i A^i_{st} \qquad (p_i \geq 0, \sum p_i = 1)$$

satisfies (1.4.2).

This example suggests that a subadditive process might be analysed in terms of the convex class of additive processes lying below it. This is not the case, since if that class determined the process uniquely it would necessarily do so through the formula

$$X_{st} = \sup \{A_{st} \; ; \; (A_{st}) \text{ additive, } A_{st} \leq X_{st}\} \qquad (1.5.1)$$

and an example given in [11] shows that this identity can fail.

(ii) Throughout the argument, we have taken the parameter set to consist of all the intgers, positive and negative, although the theorems relate only to positive parameter values. This differs from the formulation in [15], but it has the advantage that the shift Θ (and therefore T and S) is invertible. In a a private communication, Professor C. G. Esseen pointed out that this fact is needed at one stage of the proof of the Theorem 1.6, and the present argument therefore corrects an error in my original argument.

It may be objected that the present definition is unduly restrictive, in that there might be families $(X_{st} \; ; \; s, t \geq 1)$ which satisfy (S_1), (S_2) and (S_3) on the positive integers but admit no extension to $\mathbb{Z}$. That no such loss of generality occurs may be seen by modifying in a slight and obvious way an argument of Doob ([3], page 456) to show that, because of (S_2), such an extension is always possible.

(iii) Theorem 1.7 starts from assumptions about the two-parameter family (X_{st}), and draws conclusions about the one-parameter sequence (X_{ot}). This suggests the question : given a random sequence $(Z_t\ ;\ t \geqslant 1)$, under what conditions does there exist a subadditive process with $Z_t = X_{ot}$? A similar question is : under what conditions are there subadditive processes (X^1_{st}) and (X^2_{st}) with

$$Z_t = X^1_{st} - X^2_{st}\ ?$$

A necessary condition in each case is that

$$\lim_{t\to\infty} Z_t / t$$

should exist with probability one, but I know of no necessary and sufficient conditions.

(iv) It is sometimes useful to know what happens when (1.1.4) is violated, so that $\gamma = -\infty$. In such a case there is of course no L_1 ergodic theorem, but the probability one result remains true so long as (S_3) is replaced by the much weaker condition

$$(S_{3a}) \qquad \mathbb{E}\,(X^+_{01}) < \infty\ , \tag{1.5.2}$$

where $x^+ = \max\,(x,\ 0)$.

<u>Theorem 1.8</u>

<u>Suppose that</u> (X_{st}) <u>satisfies</u> (S_1), (S_2) <u>and</u> (S_{3a}). <u>Then the limit</u>

$$\xi = \lim_{t\to\infty} X_{ot}/t \tag{1.5.3}$$

<u>exists with probability one in</u> $-\infty \leqslant \xi < \infty$, <u>and</u>

$$\mathbb{E}\,(\xi) = \lim_{t\to\infty} \mathbb{E}\,(X_{ot})/t. \tag{1.5.4}$$

<u>Proof</u>

From (S_1) and (S_2),

$$\mathbb{E}\,(X^+_{st}) \leqslant (t-s)\ \mathbb{E}\,(X^+_{01}) < \infty\ ,$$

and it follows easily that

$$X_{st}^{(N)} = \max\left\{X_{st}\ ,\ -N\ (t-s)\right\}$$

defines a subadditive process for each $N \geqslant 1$. Hence

$$\xi^{(N)} = \lim_{t\to\infty} X_{0t}^{(N)}/t = \lim_{t\to\infty} \max\left\{X_{ot}/t\ ,\ -N\right\}$$

exists with probability one for all $N \geqslant 1$. This implies the existence of the limit (1.5.3) related to $\xi^{(N)}$ by

$$\xi^{(N)} = \max\ (\xi,\ -N).$$

The expectation

$$g_t = \mathbb{E}\ (X_{ot})$$

exists in $-\infty \leqslant g_t < \infty$, and satisfies $g_{m+n} \leqslant g_m + g_n$. Hence, as in the proof of Theorem 1.1,

$$\gamma = \lim_{t\to\infty} g_t/t$$

exists in $-\infty \leqslant \gamma < \infty$. If γ is finite, (S_3) is satisfied, and (1.5.4) has already been proved. Thus we have only to show that $\mathbb{E}\ (\xi) = -\infty$ when $\gamma = -\infty$. To do this, note that

$$\mathbb{E}\ (\xi) \leqslant \mathbb{E}\ (\xi^{(N)}) = \gamma^{(N)} = \inf_t\ t^{-1}\ \mathbb{E}\ (X_{ot}^{(N)}) \leqslant t^{-1}\ \mathbb{E}\ (X_{ot}^{(N)})$$

for any $t,\ N \geqslant 1$. Letting $N \to \infty$,

$$\mathbb{E}\ (\xi) \leqslant t^{-1}\ \mathbb{E}\ (X_{ot}) = g_t/t\ ,$$

and letting $t \to \infty$,

$$\mathbb{E}\ (\xi) \leqslant -\infty,$$

which is enough to complete the proof.

Note that there are two ways in which (S_{3a}) can be true if (S_3) is false. One is that $g_t = -\infty$ for some (and then for all larger) t , and the other is that g_t is finite for all t, but $g_t/t \to -\infty$ as $t \to \infty$.

(v) By Theorem 1.5, ξ is an invariant random variable, and therefore

$$\lim_{t\to\infty} X_{st}/t = \xi$$

with probability one, for every fixed s. For some applications, it is useful to extend this result to cover the case in which s and t both tend to infinity. The following theorem is such a generalisation, rather trivial for additive processes, but less so for subadditive processes.

Theorem 1.9

Let (X_{st}) be a subadditive process, and $c > 1$ a constant. Then

$$\frac{X_{st}}{t-s} \to \xi$$

with probability one as $s, t \to \infty$ subject to the condition $cs \leqslant t$.

Proof

Use 'Lim' to denote the limit described in the statement of the theorem. By (S_1),

$$X_{st} \geqslant X_{ot} - X_{os} = (\xi t + o(t)) - (\xi s + o(s))$$
$$= \xi\,(t-s) + o\,(t-s),$$

so that

$$\text{Lim inf } X_{st}/(t-s) \geqslant \xi \qquad (1.5.6)$$

To obtain an inequality in the reverse direction, fix $k \geqslant 1$ and let M and N be the smallest and largest integers respectively such that

$$s \leqslant Mk \leqslant Nk \leqslant t.$$

Then

$$X_{st} \leqslant X_{s,Mk} + \sum_{r=M+1}^{N} X_{(r-1)k,rk} + X_{Nk,t},$$

and arguing as in the proof of Theorem 1.4,

$$\text{Lim sup } \frac{X_{st}}{t-s} \leqslant \text{Lim sup } \frac{1}{(N-M)k} \sum_{r=M+1}^{N} X_{(r-1)k,rk}$$

with probability one. Since

$$\xi_k = \lim_{N\to\infty} \frac{1}{Nk} \sum_{r=1}^{N} X_{(r-1)k,rk}$$

exists, and since $N/M \sim t/s \geqslant c > 1$, it follows that

$$\text{Lim sup } \frac{X_{st}}{t-s} \leqslant \xi_k$$

and thus

$$\mathbb{E}\left\{\text{Lim sup } \frac{X_{st}}{t-s}\right\} \leqslant \frac{g_k}{k} \quad .$$

Letting $k \to \infty$, and comparing the result with (1.5.6), completes the proof.

(vi) We shall encounter applications in which the random variables X_{st} are defined for real values of s and t, rather than just for integer values. Thus we have the concept of a <u>continuous-parameter subadditive process</u>, a collection

$$(X_{st} \; ; \; -\infty < s < t < \infty \;) \tag{1.5.7}$$

satisfying (S_1), (S_2) generalised to arbitrary shifts $(X_{st}) \to (X_{s+\tau,t+\tau})$, and (S_3). Some new phenomena arise in dealing with such processes, and it is for example not always the case that

$$\mathbb{P}\left\{\lim_{t\to\infty} X_{ot}/t \text{ exists}\right\} = 1, \tag{1.5.8}$$

even under assumptions of separability.

These complications are explored in detail in Section 1.4 of [16], but they do not cause difficulties in the examples of interest, since these have the additional property that X_{ot} is monotone in t. With this extra information (1.5.8) follows from

$$\mathbb{P}\left\{\lim_{n\to\infty} X_{on}/n \text{ exists}\right\} = 1, \tag{1.5.9}$$

and (1.5.9) can be deduced form Theorem 1.7, by noting that the "discrete skeleton"

$$(X_{mn} \; ; \; m, n \in \mathbb{Z} \; , \; m < n)$$

is a subadditive process in the sense of our original definition.

CHAPTER 2

SOME APPLICATIONS

2.1 - Shortest paths

Hammersley and Welsh [8] were led to the axioms for subadditive processes by problems of the following type. Consider a connected Graph G, and suppose that with every edge e of G is associated a non-negative random variables u (e) with finite expectation. The u (e) for distinct edges are assumed to be independent and to have a common distribution. For any two vertices v and v' of G, define

$$U(v, v') = \inf \sum u(e), \tag{2.1.1}$$

where the infimum is taken over all paths from v to v', and the sum extends over all the edges in the path. It is shown in [8] that the properties of the random variable U (v, v') are of great importance in problems of percolation theory and related areas of applied probability.

In only the most trivial cases can the distribution of U (v, v') be determined analytically, and it is necessary to rely on approximate and limiting results. That these can be found rests on the fact that, for vertices v, v', v", we have

$$U(v, v'') \leqslant U(v, v') + U(v', v'') \tag{2.1.2}$$

because the right hand side is the restricted infinum when the path from v to v" is required to pass through v'. This inequality can be exploited when the graph G has some homogeneity of structure.

Suppose for example that the vertex set of G is the integer lattice $\mathbb{Z} \times \mathbb{Z}$ in $\mathbb{R}^2$, and that the edges join each point to its four nearest neighbours. Write

$$X_{st} = U\big((s, 0), (t, 0)\big) \tag{2.1.3}$$

for the "shortest distance" from the point s on the axis to the point t.

Then (2.1.2) shows at once that (S_1) is satisfied. Moreover, the assumptions on u (e), and the homogeneity of G under the shift $(x, y) \longmapsto (x+1, y)$, show that (S_2) is satisfied, and (S_3) is satisfied because

$$0 \leqslant \mathbb{E}\,(X_{st}) \leqslant (t - s)\,\mathbb{E}\,(u)$$

Hence the theory of subadditive processes is applicable. It is easy to see (from the zero-one law for independent sequences, cf [15], Section 4) that $\underline{\underline{I}}$ is trivial, so that the theorems of Chapter 1 imply that there is a constant γ such that

$$\lim_{t\to\infty} U\big((0, 0), (t, 0)\big) / t = \gamma \tag{2.1.4}$$

with probability one (and in L_1). The constant γ depends only on the common distribution of the u (e), and its evaluation seems to be of great difficulty (for partial results, see [8]).

Note that, for any $v = (v_1, v_2) \in \mathbb{Z} \times \mathbb{Z}$, we can modify (2.1.3) by defining

$$X_{st} = U\,(sv, tv) \tag{2.1.5}$$

for s, $t \in \mathbb{Z}$, $s < t$. Once again this is a subadditive process for which $\underline{\underline{I}}$ is trivial (when $v \neq (0, 0)$), so that there is a constant $\gamma\,(v)$ with

$$\lim_{t\to\infty} U\big((0, 0), (tv_1, tv_2)\big) / t = \gamma\,(v) \tag{2.1.6}$$

with probability one.

Although the determination of $\gamma\,(v)$ is at present impossible, there are general properties which can be asserted. Clearly

$$0 \leqslant \gamma\,(v) \leqslant (|v_1| + |v_2|)\,\mathbb{E}\,(u) \tag{2.1.7}$$

and

$$\gamma\,(nv) = |n|\;\gamma\,(v) \tag{2.1.8}$$

for $n \in \mathbb{Z}$. Moreover, (2.1.2) shows, using the technique of the proof of Theorem 1.9, that

$$\gamma\,(v + v') \leqslant \gamma\,(v) + \gamma\,(v') \tag{2.1.9}$$

It follows easily from these facts that γ can be extended to the whole of $\mathbb{R}^2$ in such a way that it is a seminorm, i.e. that

$$\gamma(x+y) \leqslant \gamma(x) + \gamma(y) \ , \ \gamma(ax) = |a| \ \gamma(x) \tag{2.1.10}$$

for $a \in \mathbb{R}$, $x, y \in \mathbb{R}^2$. Such a function γ is determined by the corresponding unit ball

$$\{x \in \mathbb{R}^2 \ ; \ \gamma(x) \leqslant 1\} \tag{2.1.11}$$

and it would be interesting to know the shape of this convex set. Is it true that the shape (though not the size) does not depend on the distribution of u ? Under what conditions is γ a norm ?

Very closely related ideas have been applied by Richardson [20] to certain models of growth or contagion in $\mathbb{R}^2$ or $\mathbb{R}^3$. These lead to qualitative conclusions about the growth of an organism on the spread of some contagion, described by a set which increases its dimensions linearly with time and whose shape is asymptotically that of a convex set of the form (2.1.11). In Richardson's models there is numerical evidence that this set is a circle, so that

$$\gamma(x_1, x_2) = \gamma_0 (x_1^2 + x_2^2)^{1/2} \tag{2.1.12}$$

for some constant γ_0, but in the Hammersley-Welsh problem it would be plausible to conjecture that

$$\gamma(x_1, x_2) = \gamma_0 (|x_1| + |x_2|) \tag{2.1.13}$$

In view of the different possible applications, it seems useful to give a more general context into which the special cases fit. To do this, let V be a countable set, and let Φ be a bijection from V onto itself. For distincts elements v, v' of V, let u (v, v') denote a random variable with values in $[0, \infty]$, and define

$$U(v, v') = \inf \sum_{r=1}^{n} u(v_{r-1}, v_r) \tag{2.1.14}$$

where the infimum is taken over all finite sequences

$$v = v_0, v_1, v_2, \ldots, v_n = v'$$

Then the inequality (2.1.2) is clearly valid.

For any fixed $v_0 \in V$, define v_n $(n \in \mathbb{Z})$ by

$$v_n = \Phi(v_{n-1})$$

Then (2.1.2) shows that

$$X_{st} = U(v_s, v_t) \qquad (2.1.15)$$

satisfies (S_1). If the u have the property that the joint distribution of the two families

$$\big(u(v, v') ; v, v' \in V\big) , \big(u(\Phi v, \Phi v') ; v, v' \in V\big)$$

are the same, then (S_2) is satisfied, and if

$$\mathbb{E}\{u(v_0, v_1)\} < \infty,$$

then (S_3) also holds. Hence in these circunstances (2.1.15) defines a subadditive process, and we may conclude that

$$\lim_{n\to\infty} U(v_0, v_n) / n$$

exists with a probability one.

2.2 - Products of non-commuting random elements

A non-homogeneous Markov chain (with a finite number N of states and a discrete time parameter) is described by its family of transition matrices P_n $(n \in \mathbb{Z})$, where the $(i, j)^{th}$ element of P_n is the probablility of moving from the ith state to the jth state between time (n-1) and time n. The transition probabilities between time s and time t $(s, t \in \mathbb{Z}, s < t)$ are then given by the corresponding elements of the matrix product

$$P(s, t) = P_{s+1} P_{s+2} \dots P_t, \qquad (2.2.1)$$

and therefore considerable interest attaches to the properties of the matrix product P (s, t) [17].

In some applications, the lack of homogeneity expressed by the variation of P_n with n may be due to random fluctuations in the environment of the chain, so that it may be useful to think of (P_n) as a stationary random sequence of matrices.

This is one reason for studying products of stationary sequences of matrices, and there are others. More general Markov processes give rise to a similar formal structure, where the P_n are now linear operators on on infinite dimensional spaces. To illustrate the power of subadditive ergodic theory as applied to such problems, we prove a theorem first established for matrices by Furstenberg and Kesten [5].

Theorem 2.1

Let A be a semigroup, and $||\cdot|| : A \to \mathbb{R}^+$ a function such that

$$||PQ|| \leqslant ||P||.||Q|| \qquad (2.2.2.)$$

for P, Q in A. Let (P_n) be a stationary sequence of random elements of A, and suppose that

$$\mathbb{E}\left\{(\log ||P_1||)^+\right\} < \infty \qquad (2.2.3.)$$

Then, if P(s, t) is defined by (2.2.1), the limit

$$\xi = \lim_{t\to\infty} t^{-1} \log ||P(0, t)|| \qquad (2.2.4.)$$

exists, and

$$\mathbb{E}(\xi) = \lim_{t\to\infty} \mathbb{E}(t^{-1} \log ||P(0, t)||) \qquad (2.2.5.)$$

Proof

It is only necessary to observe that

$$X_{st} = \log ||P(s, t)||$$

satisfies (S_1), (S_2) and (S_{3a}), and to use Theorem 1.8.

(In formulating this theorem and its proof, we have omitted obvious measure theoretic details. Obviously A must have a measurable structure compatible with multiplication, and $||\cdot||$ must be measurable. Such omissions will be made without comment throughout these notes).

Note that, as in Theorem 1.5, ξ is measurable with respect to the invariant σ-field of (P_n). If this σ-field is trivial, as it will be for example if the P_n are independent, then ξ is equal to its expectation (2.2.5) with probability one.

We have used the emotive notation $||.||$ for obvious reasons, but there is no need for this function to be a norm even when A is an algebra of matrices. One important example occurs in the case when the P_n are stochastic matrices, as in the application which began this section. This concerns the so-called "convergence norm"

$$||P|| = \frac{1}{2} \max_{i,j} \sum_k |p_{ik} - p_{jk}| \tag{2.2.6}$$

It is easy to check that this satisfies (2.2.2) on

$$A = \{P = (p_{ij} \; ; \; i, j = 1, 2, \ldots, N) \; ; \; p_{ij} \geqslant 0, \; \sum_j p_{ij} = 1\},$$

but it is not a norm in the usual sense because its kernel is non-trivial, consisting of all stochastic matrices with identical rows.

With this choice of $||.||$, (2.2.3) is trivially satisfied since $||P|| \leqslant 1$ for all P. Hence the limit (2.2.4) exists, and is non-positive. In particular, $||P(0, t)||$ converges to zero exponentially fast as $t \to \infty$ on the event $\{\xi < 0\}$. Since such convergence implies weak ergodicity [17] this is an important conclusion. If the invariant σ-field is trivial, it takes a stronger form ; the non-homogeneous Markov chain determined by (P_n) is weakly ergodic with probability one if $\mathbb{E}(\xi) < 0$. In view of (2.2.5) this is true if

$$\mathbb{P}(||P(0, t)|| < 1) > 0 \quad \text{for some } t \geqslant 1. \tag{2.2.7}$$

a very weak "scrambling" condition.

Just as the function $P \to ||P||$ is submultiplicative, the function $P \to p_{11}$ (the $1, 1)^{th}$ element of P) is supermultiplicative for positive matrices, since the $(1, 1)^{th}$ element of the product PQ of two such matrices is

$$\sum_k p_{1k} q_{k1} \geqslant p_{11} q_{11} \tag{2.2.8}$$

This leads to a simple proof of another result of Furstenberg and Kesten [5] which they proved by more elaborate methods. The assumption of strict positivity can be weakened at the cost of some complication.

Theorem 2.2

Let (P_n) be a stationary sequence of random $(N \times N)$ matrices, the elements of which are strictly positive random variables whose logarithms have finite expectations. Let $p_{ij}(s, t)$ denote the $(i, j)^{th}$ element of the matrix $P(s, t)$ defined by (2.2.1). Then the limit

$$\rho = \lim_{t} \{p_{ij}(0, t)\}^{1/t} \tag{2.2.9}$$

exists and does not depend on i and j, with probability one.

Proof

Applying (2.2.8) to the identity

$$P(s, u) = P(s, t)\, P(t, u) \qquad (s < t < u)$$

we have $p_{11}(s, u) \geqslant p_{11}(s, t)\, p_{11}(t, u)$

so that $X_{st} = -\log p_{11}(s, t)$

satisfies (S_1). Because (P_n) is stationary, (S_2) holds and by hypothesis X_{st} has finite expectation g_{t-s} (say). Using the matrix norm

$$||P|| = \max_{i} \sum_{j} |p_{ij}|$$

we have

$$\begin{aligned} -g_t &= \mathbb{E}\,\{\log p_{11}(0, t)\} \\ &\leqslant \mathbb{E}\,\{\log ||P_1 P_2 \ldots P_t||\} \\ &\leqslant \sum_{n=1}^{t} \mathbb{E}\,\{\log ||P_n||\} \\ &= t\,\mathbb{E}\,\{\log ||P_1||\} \end{aligned}$$

showing that (S_3) is also satisfied. Hence (X_{st}) is a subadditive process, and Theorem 1.7 establishes (2.2.9) when $i = j = 1$, with $\rho = e^{-\xi}$.

Because ξ is invariant, so is ρ, and thus

$$\lim_{t\to\infty} \{p_{11}(s, t)\}^{1/t} = \rho \tag{2.2.10}$$

for each fixed s. Since

$$p_{ij}(0, t) \geqslant p_{i1}(0,1)\, p_{1i}(1,t-1)\, p_{1j}(t-1,t),$$

we have

$$\liminf_{t \to \infty} \{p_{ij}(0, t)\}^{1/t} \geqslant \lim_{t\to\infty} \{p_{i1}(0, 1)\}^{1/t} \lim_{t\to\infty} \{p_{11}(1, t-1)\}^{1/t} \lim_{t\to\infty} \{p_{1j}(t-1, t)\}^{1/t}$$

$$\geqslant \rho \ ,$$

since on the right hand side the first limit is clearly 1, the second is ρ by (2.2.10), and the third is 1 (by the simple argument used in the proof of Theorem 1.4 to show that $W_N/ N \to 0$). Similarly, the inequality

$$p_{11}(-1, t+1) \geqslant p_{1i}(-1, 0)\, p_{ij}(0, t)\, p_{j1}(t, t+1)$$

shows that

$$\limsup_{t \to \infty} \{p_{ij}(0, t)\}^{1/t} \leqslant \rho,$$

which suffices to establish (2.2.9).

Notice that the argument applies also to infinite matrices so long as we impose the condition

$$E\{\log ||P_1||\} < \infty \qquad (2.2.11)$$

a condition trivially satisfied if P_1 is a stochastic matrix. Note also that, for finite (but not for infinite) matrices, the limits (2.2.4) and (2.2.9) are necessarily related by

$$\rho = e^{\xi} \qquad (2.2.12)$$

2.3 - A problem of Ulam

Let π be any permutation of $\{1, 2, \ldots, n\}$, and define $l(\pi)$ to be the largest value of r for which there is a sequence

$$1 \leqslant k_1 < k_2 < k_3 < \ldots < k_r \leqslant n \tag{2.3.1}$$

with

$$\pi(k_1) < \pi(k_2) < \ldots < \pi(k_r). \tag{2.3.2}$$

Define $l^*(\pi)$ similarly, with the inequalities in (2.3.2) reversed. It is a well known fact that, for every π,

$$\max\{l(\pi), l^*(\pi)\} \geqslant n^{1/2} \tag{2.3.3}$$

Ulam has asked how much better than $n^{1/2}$ can be achieved if we require only that the inequality hold for most π. In other words, what is the value of $l(\pi)$ for a "typical" π, when n is large. A remarkable answer to this question has been given by Hammersley (whose paper [9] should be consulted for the history of the problem) ; the numerical values represent an improvement on those given in [9].

Theorem 2.3

There is an absolute constant c in the range

$$1.59 < c < 2.49 \tag{2.3.4}$$

with the following property. If $b > c$, the number of π with $l(\pi) \geqslant bn^{1/2}$ is $o(n!)$ as $n \to \infty$, while if $b < c$, the number of π with $l(\pi) \leqslant bn^{1/2}$ is $o(n!)$.

Proof

Construct a Poisson process Π in $\mathbb{R}^2$ of unit rate. Thus Π is to be a random countable subset of $\mathbb{R}^2$, whose intersection with any fixed Borel set of finite area a consists of n points with probability

$$e^{-a} a^n / n! \qquad (n = 0, 1, 2, \ldots),$$

and whose intersections with disjoint Borel sets are independent.

For $s < t$, we define a random variable L_{st} to be the largest integer for which there exists points (x_j, y_j) of Π satisfying

$$s < x_1 < x_2 < \dots < x_r < t, \qquad (2.3.5)$$

$$s < y_1 < y_2 < \dots < y_r < t.$$

Then it is clear that, with probability one,

$$L_{su} \geqslant L_{st} + L_{tu} \qquad (s < t < u) \qquad (2.3.6)$$

Hence, if we restrict s, t to $\mathbb{Z}$, then

$$X_{st} = - L_{st}$$

satisfies (S_1). It also satisfies (S_2) because Π is stationary, and (1.5.2) holds trivialy. Moreover, an easy zero-one argument for Π shows that the invariant σ-field is trivial, and Theorem 1.9 implies that there is a constant $\gamma \geqslant -\infty$ such that

$$\lim_{n\to\infty} X_{on} / n = \gamma$$

with probability one. Taking $c = -\gamma$ and noting that L_{ot} increases with t, it follows that there is a constant c in $0 \leqslant c \leqslant \infty$ such that

$$\lim_{t\to\infty} L_{ot} / t = c \qquad (2.3.7)$$

with probability one.

The lower bound $c \geqslant 0$ can easily be improved. To do this, we define recursively a sequence of points of Π as follows. First let (x_1, y_1) be the point of Π with the smallest value of $x + y$ subject to $x > 0$, $y > 0$. If (x_r, y_r) $(r = 1, 2, \dots, n)$ have been choosen, then (x_{n+1}, y_{n+1}) is the point of Π with the smallest value of $x + y$ subject to

$$x > x_n \quad , \quad y > y_n \; .$$

Then $$0 < x_1 < x_2 < \dots,$$

$$0 < y_1 < y_2 < \dots,$$

so that, if $z(n) = \max(x_n, y_n)$

$$L_{0,\, z(n)} \geqslant n.$$

Now it is clear that the differences $x_{n+1} - x_n$ are independent and identically distributed, with expectation

$$\int_0^\infty \int_0^\infty x\, e^{-\frac{1}{2}(x+y)^2}\, dx\, dy = (\pi/8)^{1/2}$$

Hence the strong law of large numbers implies that, with probability one,

$$\lim_{n\to\infty} x_n / n = (\pi / 8)^{1/2}$$

Similarly

$$\lim_{n\to\infty} y_n / n = (\pi / 8)^{1/2}$$

so that

$$\lim_{n\to\infty} z(n) / n = (\pi / 8)^{1/2}$$

with probability one. Therefore, from (2.3.7),

$$c = \lim_{n\to\infty} L_{o,z(n)} / z(n) \geqslant \lim_{n\to\infty} n / z(n) = (8/\pi)^{1/2} > 1.59,$$

proving the left hand inequality in (2.3.5).

(The original argument in [9] minimised $x^2 + y^2$ instead of $x + y$, and deduced the inequality $c \geqslant \frac{1}{2}\pi > 1.57$. It is easy to show that there is no way of improving the result further by ingenious choice of the minimising function).

To exploit these results for the Ulam problem, let $t(n)$ be the smallest value of t for which there are exactly n points of Π in the square $\{(x, y) ; 0 < x < t, 0 < y < t\}$. Then the strong law shows that

$$\lim_{n\to\infty} n \{t(n)\}^{-2} = 1,$$

and then (2.3.7) implies that

$$\lim_{n\to\infty} L_{o,t(n)} / n^{1/2} = c$$

But

$$L_{o,t(n)} = l(\pi_n),$$

where π_n is the permutation π of $\{1, 2, \ldots, n\}$ such that the n points of Π in the square may be labelled (X_r, Y_r) with

$$X_{\pi 1} < X_{\pi 2} < \ldots < X_{\pi n},\ Y_1 < Y_2 < \ldots < Y_n.$$

Moreover, the symetry properties of Π make it clear that the random permutation π_n is uniformly distributed over the n! permutations.

The assertion of the theorem now follows from the fact that

$$\lim_{n\to\infty} l(\pi_n) / n^{1/2} = c \qquad (2.3.8)$$

For if b < c, the number of π with $l(\pi) \leqslant bn^{1/2}$ is

$$n!\ P\{l(\pi_n) / n^{1/2} \leqslant b\} = o(n!),$$

and if b < c (which is not possible of course if $c = \infty$), the number of π with $l(\pi) \geqslant bn^{1/2}$ is

$$n!\ P\{l(\pi_n) / n^{1/2} \geqslant b\} = o(n!)$$

as $n \to \infty$. Hence to complete the proof, it remains only to prove the upper bound for c.

To do this, let π be a permutation of {1, 2, ..., n}, and let $\nu(r, \pi)$ be a number of sequences of length r satisfying (2.3.1) and (2.3.2). For any sequence (2.3.1), there are exactly n! / r! permutations π for which (2.3.2) holds, so that

$$\sum_{\pi} \nu(r, \pi) = \sum_{k_1<k_2<\dots<k_r} \frac{n!}{r!} = \binom{n}{r} \frac{n!}{r!}$$

On the other hand, if $l(\pi) \geqslant r$, there is an ascending sequence of length $l(\pi)$, so that each subsequence is ascending, and so

$$\nu(r, \pi) \geqslant \binom{l(\pi)}{r}$$

Hence the random permutation π_n satisfies

$$\mathbb{E}\binom{l(\pi_n)}{r} \leqslant \binom{n}{r} / r!$$

Since $\binom{\cdot}{r}$ is non-decreasing, this means that

$$\mathbb{P}\ \{l(\pi_n) \geqslant m\} \leqslant \binom{n}{r} / r!\ \binom{m}{r}$$

for $r \leqslant m \leqslant n$. Now fix constants α and β in $0 < \alpha < \beta$, and let $r, m, n \to \infty$ in such a way that

$$r\, n^{-1/2} \to \alpha\ , \quad m\, n^{-1/2} \to \beta.$$

Then, by Stirling's formula,

$$\log \left\{ \binom{n}{r} / r! \binom{m}{r} \right\} = (n \log n - n) - (r \log r - r) - \left[(n-r) \log(n-r) - (n-r) \right]$$
$$- (m \log m - m) + \left[(m-r) \log (m-r) - (m-r) \right] + o\, (n^{1/2})$$

$$= - r \log \left(\frac{r}{n^{1/2}}\right) - (n-r) \log \left(\frac{n-r}{n}\right) - m \log \left(\frac{m}{n^{1/2}}\right)$$
$$+ (m-r) \log \left(\frac{m - r}{n^{1/2}}\right) + r + o\, (n^{1/2})$$

$$= - r \log \alpha + (n-r) \frac{r}{n} - m \log \beta + (m-r) \log(\beta-\alpha) + r + o(n^{1/2})$$

$$= \{2\alpha - \alpha \log \alpha - \beta \log \beta + (\beta-\alpha) \log (\beta-\alpha) + o\,(1)\}\, n^{1/2}$$

Accordingly, if α and β satisfy

$$0 < \alpha < \beta,\ 2\alpha - \alpha \log \alpha - \beta \log \beta + (\beta-\alpha) \log (\beta-\alpha) < 0,$$

then

$$\mathbb{P}\, \{l\, (\pi_n) \geqslant \beta\, n^{1/2}\} \to 0$$

as $n \to \infty$, and therefore $c \leqslant \beta$. The original treatment in [9] used a disguised form of this argument with $r = m$, and concluded that $c \leqslant e$. The present argument does a little better ; when $\beta > 2$ is fixed the minimum of

$$2\alpha - \alpha \log \alpha - \beta \log \beta + (\beta-\alpha) \log (\beta-\alpha)$$

occurs when

$$\alpha > 1,\ \alpha\, (\beta-\alpha) = 1.$$

It follows from this that $c \leqslant \alpha + \alpha^{-1}$, where $\alpha > 1$ is the root of

$$2\, \alpha^2 = (1+\alpha^2)\ \log\, (1+\alpha^2).$$

Numerical solution of this equation then yields $c < 2.49$, and the proof of the theorem is complete.

The theorem therfore shows that, when n is large, most permutations π of $\{1, 2, \dots, n\}$ have values of $l\, (\pi)$ near $c\, n^{1/2}$. The next problem is clearly the evaluation of c, and this remains unsolved, althrough there is some evidence to support the conjecture that $c = 2$.

One aspect of the logical structure of the theorem and its proof deserves remark. The theorem is really about convergence in probability ; it asserts that if (π_n) is a sequence of random permutations, such that for each n, π_n is uniformly distributed over the n! permutations of $\{1, 2, \ldots, n\}$, then

$$\lim_{n\to\infty} l(\pi_n) / n^{1/2} = c \tag{2.3.9}$$

in the sense of convergence in probability (which can be strengthened to L_1 convergence using (2.3.8)). This is proved by constructing a particular such sequence, in which the π_n are all defined on the same probability space, and for which (2.3.9) holds with probability one. That this is always possible was proved by Skorokhod ([21], page 281), but it rises an interesting question. Is it true that (2.3.9) holds with probability one whenever the π_n are defined on a common probability space ? By the Borel-Cantelli lemmas this will occur if and only if

$$\sum_{n=1}^{\infty} P\ \{|n^{-1/2}\ l(\pi_n) - c| > \varepsilon\} < \infty \tag{2.3.10}$$

for all $\varepsilon > 0$. I do not know whether this is true, althrough (2.3.8) does imply that

$$\limsup_{n\to\infty}\ l(\pi_n) / n^{1/2} < 2.49 \tag{2.3.11}$$

whenever the π_n are so defined.

There is however a slightly weaker result which is known to be true. It follows from a theorem of Kesten to be described in Section 3.1 that (2.3.9) holds with probability one whenever the π_n are defined on a common probability space in such a way that $l(\pi_n)$ is non-decreasing in n.

2.4 - An application to potential theory

Spitzer [23] has pointed out that subadditive theory gives a neat approach to a result in the potential theory of Markov processes. Suppose for instance that Z_t is Brownian motion in $\mathbb{R}^3$, and let A be any compact subset of $\mathbb{R}^3$. Attach A to the Brownian particle, by considering the random set

$$Z_t + A = \{x \in \mathbb{R}^3 ; x - Z_t \in A\} \tag{2.4.1}$$

and consider the volume V_t swept out by this random set in time t. Thus $V_t = X_{ot}$, where

$$X_{st} = \left| \bigcup_{\tau\in(s,t)} (Z_\tau + A) \right| \tag{2.4.2}$$

where $|.|$ denotes volume.

It is now very easy to see that (X_{st}) is a subadditive process, and that the invariant σ-field is trivial. Hence Theorem 1.7, and the fact that V_t is non-decreasing in t, show that these is a finite constant γ such that

$$\lim_{t\to\infty} V_t / t = \gamma \tag{2.4.3}$$

with probability one and in L_1.

This problem has the unusual feature that the constant γ can be computed, for

$$\begin{aligned}\gamma &= \lim_{t\to\infty} t^{-1} \mathbb{E}(V_t)\\ &= \lim_{t\to\infty} t^{-1} \int_{\mathbb{R}^3} \mathbb{P}\{x\in Z_\tau + A \text{ for some } \tau \leqslant t\}\,dx\\ &= \lim_{t\to\infty} t^{-1} \int_{\mathbb{R}^3} \mathbb{P}\{Z_\tau \in A - x \text{ for some } \tau \leqslant t\}\,dx\end{aligned}$$

A theorem of Spitzer [22] identifies this limit with the electrostatic capacity of A.

The result can be very widely generalized. It applies to any transient spatially homogeneous Markov process with values in $\mathbb{R}^k$, and the identification of γ with the corresponding generalized capacity is (under the usual conditions of Hunt potential theory for Markov processes) a consequence of Getoor's generalization [7] of Spitzer's theorem.

There are probably many other applications of the subadditive axioms still to be realised. It will be noted that the general theory usually takes only the first steps towards an understanding of the process, and tends to raise as many questions as it answers. In particular, the determination of the fundamental constant γ is typically a considerable challenge.

CHAPTER 3

INDEPENDENT SUBADDITIVE PROCESSES

3.1 - Kesten's Theorem

In several of the problems described in chapter 2, the subadditive processes constructed have a further property :

(S_4) for any increasing sequences ($t_1, t_2, \ldots, t_n$) in $\mathbb{Z}$, the variables $X_{t_{r-1}\, t_r}$ are independent

For examples the processes of Section 2.2 satisfy (S_4) if the P_n are independent, and those of Sections 2.3 and 2.4 always do. It would be surprising if this additional structure could not be exploited to strengthen the results of chapter 1.

Theorem 3.1

Let (X_{st}) satisfy (S_1), (S_2), (S_4) and (1.5.2). Then

$$\lim_{t\to\infty} X_{ot} / t = \gamma \tag{3.1.1.}$$

with probability one, where

$$\gamma = \lim_{t\to\infty} g_t / t \geqslant -\infty \tag{3.1.2.}$$

Moreover, the convergence takes place in L_1 norm if $\gamma > -\infty$.

Proof

Follow the proof of Theorem 1.4 as far as (1.3.4), noting that (S_4) implies that the limit ξ_k is non-random. Thus

$$\xi = \limsup_{t\to\infty} X_{ot} / t \leqslant g_k / k \tag{3.1.3.}$$

with probability one. Hence, letting $k \to \infty$, $\xi \leqslant \gamma$, and (1.3.3) shows that $\xi = \gamma$ with probability one if γ is finite. Thus Theorem 1.7 establishes the present result if γ is finite. On the other hand, if $\gamma = -\infty$, (3.1.3.) shows that

$$\limsup_{t\to\infty} X_{ot} / t = -\infty ,$$

and the proof is complete.

Hammersley [11] has pointed out that a rather more general, and in some respects simpler, formulation can be given if attention is concentrated on the distribution of X_{on} for each $n \geq 1$. We shall describe the theory in the most important case, that in which the random variables X_{st} are non-negative.

Theorem 3.2

Suppose that the non-negative random variables X_{st} satisfy (S_1), (S_2) and (S_4). Then the function

$$F_{t-s}(x) = \mathbb{P}(X_{st} \leq x) \tag{3.1.4}$$

depends only on $(t-s)$, and satisfies

$$F_{m+n} \geq F_m * F_n \tag{3.1.5}$$

for $m, n \geq 1$.

In (3.1.5) the symbol $*$ denotes Stieltjes convolution

$$(F * G)(x) = \int_{[0,x]} F(x-y)\, d\, G(y) \tag{3.1.6}$$

The functions F_n, $F_m * F_n$ are distribution functions on $[0, \infty)$, that is, they are non-decreasing and right-continuous, with

$$F(0) \geq 0, \quad \lim_{n\to\infty} F(x) = 1.$$

Proof

That (3.1.4) depends only on $(t-s)$ follows from (S_2). Because of (S_4), $F_m * F_n$ is the distribution function of

$$X_{om} + X_{m,\, m+n}\ ,$$

and (S_1) then shows that

$$F_{m+n}(x) = \mathbb{P}(X_{o,m+n} \leq x) \geq \mathbb{P}(X_{om} + X_{m,m+n} \leq x) = (F_m * F_n)(x).$$

It is a surprising fact that the converse is false, as the following example [11] shows. Define

$$F_1 = \frac{1}{2} + \frac{1}{2} H\ ,\ F_2 = \frac{1}{4} + \frac{3}{4} H\ ,\ F_3 = F_1 * F_2\ ,\ \ F_n = 1\ (n \geq 4) \tag{3.1.7}$$

where $H(x) = 0$ if $x < 1$, and $= 1$ if $x \geq 1$. Then F_n is a distribution function on $[0, \infty]$, and (3.1.5) holds, the only non-trivial case being :

$$F_2 \geqslant \frac{1}{4} + \frac{1}{2} H + \frac{1}{4} H * H = F_1 * F_1.$$

But suppose if possible that there are random variables X_{st} satisfying (S_1), (S_2), (S_4) and (3.1.4). Then, with probability one,

$$X_{01} \leqslant 1 \ , \quad X_{02} \leqslant 1 \ , \quad X_{13} \leqslant 1 \ , \quad X_{23} \leqslant 1 \ .$$

and (S_1) implies that

$$\begin{aligned} \frac{3}{8} = \mathbb{P}\,(X_{03} = 2) &\leqslant \mathbb{P}\,(X_{01} = X_{13} = X_{02} = X_{23} = 1) \\ &\leqslant \mathbb{P}\,(X_{01} = X_{23} = 1) \\ &= \mathbb{P}\,(X_{01} = 1)\ \mathbb{P}\,(X_{23} = 1) = \frac{1}{4} \ ; \end{aligned}$$

a contradiction.

It is not known which sequences (F_n) can arise from a (non-negative) <u>independant subadditive process</u> (i.e. a family satisfying (S_1), (S_2), (S_3), and (S_4)), and therefore it is useful to try to establish results for all sequences (F_n) satisfying (3.1.5). For example, if (F_n) arises from an independent subadditive process, Theorem 3.1 shows that there is a constant γ with

$$\begin{aligned} \lim_{n\to\infty} F_n\,(nx) &= 1 \qquad (x > \gamma) \\ &= 0 \qquad (x < \gamma) \end{aligned} \tag{3.1.8}$$

Is this true for all sequences (F_n) satisfying (3.1.5) and the integrability condition

$$\int_0^\infty x \ d\, F_1\,(x) < \infty \quad ? \tag{3.1.9}$$

This result is in fact an easy consequence of an interesting theorem of Kesten [14], which we now prove. (Kesten stated without proof a somewhat more general result, and his argument is reproduced in [11]).

Theorem 3.3

Let $(F_n \; ; \; n \geqslant 1)$ *be a sequence of distribution functions on* $[0, \infty)$ *which satisfy* (3.1.5) *and*

$$\int_0^\infty x^2 \, dF_1 \, (x) < \infty \qquad (3.1.10)$$

Then there is a constant γ *such that*

$$\lim_{n\to\infty} \int_0^\infty \left(\frac{x}{n} - \gamma\right)^2 \; dF_n \, (x) = 0 \qquad (3.1.11)$$

and, whenever $\alpha < \gamma < \beta$ *and* $s(k) = m \, 2^k \; (m \geqslant 1)$,

$$\sum_{k=0}^{\infty} \{1 - F_{s(k)} \, (\beta \, s(k)) + F_{s(k)} \, (\alpha \, s(k))\} < \infty \qquad (3.1.12)$$

Proof

Write

$$g_n = \int_0^\infty x \, dF_n(x) \; , \quad G_n = \{\int_0^\infty x^2 \, dF_n(x)\}^{1/2}$$

By Schwarz's inequality $0 \leqslant g_n \leqslant G_n \leqslant \infty$, and by (3.1.10), $g_1 \leqslant G_1 < \infty$. Integrating by parts and using (3.1.5),

$$\begin{aligned} G^2_{m+n} &= \int_0^\infty 2 \, x \left[1 - F_{m+n}(x)\right] dx \\ &\leqslant \int_0^\infty 2 \, x \left[1 - (F_m * F_n) \, (x)\right] dx \\ &= \int_0^\infty x^2 \, d \, (F_m * F_n) \, (x) \\ &= \int_0^\infty \int_0^\infty (x + y)^2 \, dF_n(x) \, dF_n(y) \end{aligned}$$

so that

$$G^2_{m+n} \leqslant G^2_m + G^2_n + 2 \, g_m \, g_n.$$

It follows in particular that $G_n < \infty$ and so $g_n < \infty$ for all n.

An exactly similar argument now yields

$$g_{m+n} \leqslant g_m + g_n$$

so that

$$\gamma = \lim_{n\to\infty} g_n \, / \, n \qquad (3.1.14)$$

exists in $0 \leqslant \gamma \leqslant g_1$. From (3.1.13) and the fact that $g_n \leqslant G_n$, we have

$$G_{m+n} \leqslant G_m + G_n$$

so that

$$\Gamma = \lim_{n\to\infty} G_n / n \qquad (3.1.15)$$

exists in $\gamma \leqslant \Gamma \leqslant G_1 < \infty$

Now write

$$V_n = G_n^2 - g_n^2 = \int_0^\infty (x - g_n)^2 \, dF_n(x)$$

and use (3.1.13) with m = n to give

$$\frac{V_{2n}}{(2n)^2} - \frac{1}{2}\frac{V_n}{n^2} \leqslant \left(\frac{g_n}{n}\right)^2 - \left(\frac{g_{2n}}{2n}\right)^2.$$

Write $n = s(k)$ and sum from $k = 0$ to $k = K - 1$, so that

$$\sum_{k=1}^{K} \frac{V_{s(k)}}{s(k)^2} - \frac{1}{2}\sum_{k=0}^{K-1} \frac{V_{s(k)}}{s(k)^2} \leqslant \left(\frac{g_m}{m}\right)^2$$

Hence

$$\sum_{k=0}^{K} \frac{V_{s(k)}}{s(k)^2} \leqslant 2\frac{V_m}{m^2} + \left(\frac{g_m}{m}\right)^2,$$

and therefore

$$\sum_{k=0}^{\infty} V_{s(k)} \Big/ s(k)^2 < \infty. \qquad (3.1.16)$$

From (3.1.14) et (3.1.15),

$$\lim_{n\to\infty} V_n / n^2 = \Gamma^2 - \gamma^2$$

If this limit is non-zero, the convergence (3.1.16) is impossible. Thus $\Gamma^2 - \gamma^2 = 0$, and (3.1.11) is proved.

Finally, if $\alpha < \gamma < \beta$, there exist $N \geqslant 1$ and $\varepsilon > 0$ such that

$$\alpha + \varepsilon < g_n / n < \beta - \varepsilon \qquad (n \geqslant N)$$

Then Tchebychev's inequality gives

$$1 - F_n(n\beta) + F_n(n\alpha) \leqslant V_n / n^2 \varepsilon^2,$$

and (3.1.12) follows from (3.1.16). Hence the proof is complete.

Kesten pointed out that this theorem is strong enough to settle the question of almost sure convergence left open in our discussion of Ulam's problem. Use the notation of the proof of theorem 2.3. and fix ε in $0 < \varepsilon < 1$. Then

$$\mathbb{P}\{l(\pi_n) \leqslant (1-\varepsilon)\, cn^{1/2}\} = \mathbb{P}\{L_{o,z(n)} \leqslant (1-\varepsilon)\, cn^{1/2}\}$$

$$\leqslant \mathbb{P}\{L_{o,z(n)} \leqslant (1-\varepsilon)\, cn^{1/2},\ |z(n) - n^{1/2}| \leqslant \varepsilon^2 n^{1/2}\}$$

$$+ \mathbb{P}\{|z(n) - n^{1/2}| > \varepsilon^2 n^{1/2}\}$$

$$\leqslant \mathbb{P}\{L_{o,(1-\varepsilon^2)n^{\frac{1}{2}}} \leqslant (1-\varepsilon)\, cn^{1/2}\} + \varepsilon^{-4} n^{-1} \mathbb{E}\ (z(n) - n^{1/2})^2\}$$

using the fact that L_{ot} increases with t. It is easy to check that

$$\mathbb{E}\{(z(n) - n^{1/2})^2\} \leqslant 1.$$

Applying theorem 3.3. where F_n is the distribution of

$$(2\, cn - L_{o,(1-\varepsilon^2)n})^+,$$

we see that

$$\sum_{k=0}^{\infty} \mathbb{P}\{l(\pi_{m\, 2^{2k}}) \leqslant (1-\varepsilon)\, cm^{1/2}\, 2^k\} < \infty.$$

A similar argument operates in the reverse direction, and thus

$$\sum_{k=0}^{\infty} \mathbb{P}\{\, \left| \frac{l(\pi_{m\, 2^{2k}})}{m^{1/2}\ 2^k} - c \right| \geqslant \varepsilon\, \} < \infty. \qquad (3.1.17)$$

In (3.1.17), π_n is the particular random permutation constructed from the Poisson process Π. But since each probability refers only to one π_n, the result remains true if (π_n) is any random sequence such that, for each n, π_n is uniformly distributed over the n! permutations of {1, 2, ... , n}. In particular, if the π_n are all defined on the same probability space, the Borel-Cantelli lemma shows that, with probability one,

$$\lim_{k\to\infty} l(\pi_{m\, 2^{2k}}) / m^{1/2}\, 2^k = c \qquad (3.1.18)$$

for all $m \geqslant 1$.

Now suppose that the π_n are so defined that $l(\pi_n)$ is non-decreasing in n. Fix $p \geqslant 1$ and remark that, for each $n \geqslant 2^{2p}$, there are integers $k \geqslant 1$ and m in the finit set $2^{2p} \leqslant m < 2^{2p+2}$, so that

$$m\,2^{2k} \leqslant n < (m+1)\,2^{2k}$$

Hence

$$l(\pi_{m\,2^{2k}}) \leqslant l(\pi_n) \leqslant l(\pi_{(m+1)2^{2k}}),$$

and from (3.1.18) and the fact that

$$\frac{m+1}{m} \leqslant 1 + 2^{-2p},$$

we have

$$(1 + 2^{-2p})^{-1/2}\,c \leqslant \liminf \frac{l(\pi_n)}{n^{1/2}} \leqslant \limsup \frac{l(\pi_n)}{n^{1/2}} \leqslant (1 + 2^{-2p})^{1/2}\,c.$$

Letting $p \to \infty$, it follows that

$$\lim_{n\to\infty} l(\pi_n) / n^{1/2} = c \tag{3.1.19}$$

with probability one.

Kesten's theorem applies, of course, to any independent non-negative subadditive process (X_{st}) such that $\mathbb{E}(X_{01}^2) < \infty$. There is however an alternative approach which yields (3.1.12) without this condition.

Suppose that $(s(k)\,;\,k \geqslant 1)$ is any increasing sequence of integers for which

$$s(k) \geqslant \alpha S(k) = \alpha \sum_{j=1}^{k-1} s(j) \tag{3.1.20}$$

for some $\alpha > 0$ and all k. If (X_{st}) is an independent subadditive process, Theorems 3.1 and 1.9 (with $c = 1 + \alpha$) imply that

$$\mathbb{P}\,\{\lim_{k\to\infty} X_{S(k),S(k+1)} / s(k) = \gamma\} = 1.$$

But the variables $X_{S(k),S(k+1)}$ are independant, and the Borel-Cantelli lemma implies that

$$\sum_{k=1}^{\infty} \mathbb{P}\left\{\left|\frac{X_{S(k),S(k+1)}}{s(k)} - \gamma\right| > \varepsilon\right\} < \infty$$

for all $\varepsilon > 0$.

By (S_2) this is equivalent to

$$\sum_{k=1}^{\infty} \mathbb{P}\left\{\left|\frac{X_{0,s(k)}}{s(k)} - \gamma\right| > \varepsilon\right\} < \infty \tag{3.1.21}$$

When $s(k) = m\,2^k$, we recover (3.1.12), but only of course in the case when the F_n arise from a subadditive process.

3.2 - A generalisation of a theorem of Chernoff

We have seen that, when $x < \gamma$, $F_n(nx) \to 0$ as $n \to \infty$, and it is natural to ask how rapidly this convergence takes place. In the additive case, the answer is given by a famous theorem of Chernoff [2], and Hammersley [11] has shown how this may be extended to independent subadditive processes, or more generally to families of distributions (not necessarily confined to $[0, \infty)$) satisfying (3.1.5).

Theorem 3.4

Suppose that, for each $n \geq 1$, F_n is a distribution function on $\mathbb{R}$ for which

$$\phi_n(\theta) = \int_{-\infty}^{\infty} e^{-\theta x}\, dF_n(x) \tag{3.2.1.}$$

is finite in $0 \leqslant \theta \leqslant \Theta$ for some $\Theta > 0$ and suppose that

$$F_{m+n} \geqslant F_m * F_n \tag{3.2.2}$$

where $*$ denotes Stieljes convolution. Then the limits

$$\psi(x) = \lim_{n\to\infty} n^{-1} \log F_n(nx) \tag{3.2.3}$$

and

$$K(\theta) = \lim_{n\to\infty} n^{-1} \log \phi_n(\theta) \tag{3.2.4}$$

<u>exist for all</u> x <u>and for all</u> $\theta \geqslant 0$, <u>and are connected by the relations</u>

$$\psi(x) = \operatorname*{Inf}_{\theta} \{K(\theta) + \theta x\} \tag{3.2.5}$$

$$K(\theta) = \operatorname*{Sup}_{x} \{\psi(x) - \theta x\} \tag{3.2.6}$$

<u>for</u> x <u>in the interior of</u> $\{y \,;\, \psi(y) > -\infty\}$ <u>and</u> θ <u>in the interior of</u> $\{\theta' \,;\, K(\theta') < \infty\}$.

<u>Proof</u>

From (3.2.2)

$$F_{m+n}(x+y) \geqslant \int_{\mathbb{R}} F_m(x+y-z)\, dF_n(z) \geqslant \int_{(-\infty,y]} F_m(x+y-z)\, dF_n(z)$$

$$\geqslant \int_{(-\infty,y]} F_m(x)\, dF_n(z)$$

so that

$$F_{m+n}(x+y) \geqslant F_m(x)\, F_n(y) \tag{3.2.7}$$

In this inequality replace x by mx, y by nx, to show that for fixed x the sequence

$$-\log F_n(nx)$$

is subadditive. Hence (cf. Theorem 1.1), the limit (3.2.3) exists, and moreover,

$$F_n(nx) \leqslant e^{n\psi(x)} \tag{3.2.8}$$

(Note incidentally that $\psi(x) = -\infty$ only if $F_n(nx) = 0$ for all n).

Now replace x by mx and y by ny in (3.2.7), and let $m, n \to \infty$ in such a way that $m/(m+n) \to \theta \in (0,1)$. This gives

$$\psi\left[\theta x + (1-\theta)\, y\right] \geqslant \theta\psi(x) + (1-\theta)\,\psi(y) \quad ;$$

ψ is a concave function.

Integrating by parts and using (3.2.2),

$$\phi_{m+n}(\theta) = \int_{-\infty}^{\infty} \theta e^{-\theta x}\, F_{m+n}(x)$$

$$\geqslant \int_{-\infty}^{\infty} \theta e^{-\theta x}\, (F_m * F_n)(x)$$

$$= \int_{-\infty}^{\infty} e^{-\theta x}\, d\,(F_m * F_n)(x)$$

$$= \phi_m(\theta)\ \phi_n(\theta).$$

which shows that the limit (3.2.4.) exists, and that

$$\phi_n(\theta) \leqslant e^{nK(\theta)} \tag{3.2.9}$$

Since

$$\phi_n(\theta) \geqslant \int_{(-\infty,nx]} e^{-\theta y}\, dF_n(y) \geqslant e^{-\theta nx} F_n(nx)$$

this gives

$$F_n(nx) \leqslant e^{nK(\theta)+\theta nx}$$

so that

$$\psi(x) \leqslant K(\theta) + \theta x$$

for all $\theta \geqslant 0$. Hence

$$\psi(x) \leqslant \operatorname*{Inf}_{\theta} \{K(\theta) + \theta x\} \tag{3.2.10}$$

Now fix $\theta > 0$ so that

$$M = \sup_x \{\psi(x) - \theta x\} < \infty,$$

and let α, β, a, b, satisfy $0 < \beta < \theta < \alpha$ and $a < b$. Then (3.2.8) and (3.2.10) imply that

$$F_n(nx) \leqslant \exp\{n \min [K(\alpha) + \alpha x,\ M + \theta x,\ K(\beta) + \beta x]\},$$

so that

$$\phi_n(\theta) = \int_{-\infty}^{\infty} \theta\, e^{-\theta y} F_n(y)\, dy = n\theta \int_{-\infty}^{\infty} e^{-\theta nx} F_n(nx)\, dx$$

$$\leqslant n\theta \left\{\int_{-\infty}^{a} e^{n[K(\alpha)+(\alpha-\theta)x]}\, dx + \int_a^b e^{nM}\, dx + \int_b^{\infty} e^{n[K(\beta)-(\theta-\beta)x]}\, dx\right\}$$

$$= \frac{\theta}{\alpha - \theta}\, e^{n[K(\alpha)+(\alpha-\theta)a]} + n\theta\,(b-a)\, e^{nM} + \frac{\theta}{\theta - \beta}\, e^{n[K(\beta)-(\theta-\beta)b]}$$

Taking logarithms and letting $n \to \infty$,

$$K(\theta) \leqslant \max \{K(\alpha) + (\alpha-\theta)\,a,\ M,\ K(\beta) - (\theta-\beta)\,b\},$$

and letting $a \to -\infty$, $b \to \infty$,

$$K(\theta) \leqslant M.$$

This inequality is trivial if $M = \infty$, so that

$$K(\theta) \leqslant \operatorname*{Sup}_x \{\psi(x) - \theta x\}$$

for all $\theta > 0$. On the other hand, (3.2.10) shows that

$$\psi(x) \leqslant K(\theta) + \theta x$$

holds for all x and all $\theta > 0$, so that

$$K(\theta) \geqslant \psi(x) - \theta x\,,$$

so
$$K(\theta) \geqslant \operatorname*{Sup}_x \{\psi(x) - \theta x\}.$$

Hence (3.2.6) is proved.

Since ψ is concave and non-decreasing, there exists, for every x in the interior of $\{\psi > -\infty\}$, a value of $\theta \geqslant 0$ for which

$$\psi(y) \leqslant \psi(x) + \theta(y-x)$$

for all y. Then (3.2.6.) gives

$$K(\theta) \leqslant \operatorname*{Sup}_y \{\psi(x) + \theta(y-x) - \theta y\} = \psi(x) - \theta x.$$

Thus
$$\psi(x) \geqslant K(\theta) + \theta x$$

for this particular θ, which combined with (3.2.10) establishes (3.2.5) and completes the proof.

The function ψ is non-positive, non-decreasing and concave, but may take the value $-\infty$. The function K is convex, with $K(0) = 0$; it may take the value $+\infty$, but not $-\infty$. It is not difficult to construct examples of independent subadditive processes with any given ψ , or any given K, satisfying these conditions.

To link theorem 3.4 with theorem 3.1, note that $F_n(nx) \to 0$ exponentially fast if and only if $\psi(x) < 0$. This occurs if and only if $K(\theta) + \theta x < 0$ for some $\theta \geqslant 0$, and recalling that K is convex and that $K(0) = 0$, this occurs if and only if $K'(0) + x < 0$. It is not difficult to show that $K'(0) = \gamma$, so that we can conclude that $F_n(nx) \to 0$ exponentially fast for all $x < \gamma$ if $K(\theta)$ is finite for small positives values of θ.

3.3 - The first birth problem for branching processes

Theorem 3.4 was first proved with a view to its application to an interesting problem in the theory of branching processes. Consider a process in which an initial ancestor is born at time $t = 0$, after which he produces children in a random way. Thus, if $Z_1(t)$ denotes the number of children born before time t, then Z_1 is assumed to be a random process with values in the non-negative integers, which is non-decreasing and right-continuous. Each children, from its birth, behaves just like its father, producing children according to a random process with the same stochastic structure as Z_1, and this process is assumed independent of those related to the father and his other children. Thus the child's children, grand-children of the ancestor, themselves produce children, and so on.

Let B_n be the instant at which the first birth in the nth generation takes place ; B_n is well-defined on the event S that there are descendants in every generation. Then Hammersley [10], [11] shows that there is a constant γ such that

$$\lim_{n\to\infty} B_n / n = \gamma \tag{3.3.1}$$

almost everywhere on S. Indeed, this is an easy consequence of Kesten's theorem if we impose the additional conditions

$$\mathbb{P}\ \{Z_1(t) \geqslant 1 \quad \text{for some } t\} = 1 \tag{3.3.2}$$

and

$$\mathbb{E}\ (B_1^2) < \infty \tag{3.3.3}$$

To see this, note that (3.3.2) means that $\mathbb{P}(S) = 1$, and write F_n for the distribution function of B_n. Consider the individual born a B_m in the mth generation, and let $B'_{m+n} \geqslant B_{m+n}$ be the instant at which the first of his descendants is born in the $(m+n)^{th}$ generation. Then it is clear that $B'_{m+n} - B_m$ is independant of B_m and has distribution function F_n. It follows that (F_n) satisfies (3.1.5) and (3.3.3) allows us to apply

Theorem 3.3. This establishes (3.3.1) if n is restricted to any sequence of the form $(m\,2^k\ ;\ k \geq 0)$. The "filling-in" procedure used at the end of Section 3.1, together with the fact that $B_n \leq B_{n+1}$, then proves (3.3.1) in general.

To remove the conditions (3.3.2) and (3.3.3) requires a technique of truncation, which is described in detail in [18]. Essentially one forces (3.3.2) by concentrating attention of individuals with descendants of all generations, and (3.3.3) by forced sterilisation at a large fixed age.

The most interesting feature of this problem is however that it is possible to evaluate γ explicitly. Thus suppose that

$$\phi\,(\theta) = \mathbb{E} \int e^{-\theta t}\, dZ_1(t) \tag{3.3.4}$$

is finite for large θ. Note that $\phi\,(0)$ is the mean number of children in a family, so that we must asume $\phi\,(0) > 1$ to ensure that $\mathbb{P}(S) > 0$. Hammersley shows (for the slightly less general process studied in [10]) that

$$\gamma = \text{Sup}\,\{a\ ;\ \mu\,(a) < 1\} \tag{3.3.5}$$

where

$$\mu\,(a) = \text{Inf}\,\{\phi(\theta)\, e^{\theta a}\ ;\ \theta \geq 0\} \tag{3.3.6}$$

This remarkable result is proved in [11] by an elaborate argument from Theorem 3.4, but an alternative approach [18], also informed by subadditive theory, seems more natural and more applicable to more complicated problems.

This approach depends on the remark that, if θ is so large that $\phi\,(\theta) < \infty$, then

$$W_n\,(\theta) = \phi\,(\theta)^{-n} \sum_r e^{-\theta B_{nr}} \tag{3.3.7}$$

defines a martingale. Here

$$B_{n1} \leq B_{n2} \leq \ldots$$

are the birth times of the individuals in the nth generation. When $\theta = 0$, this martingale is a familiar tool of branching process theory [13], and for general θ it can be regarded as obtained from $W_n(0)$ by a certain modification of the process.

The fact that $\mathbb{E}\{W_n(\theta)\} = \mathbb{E}\{W_1(\theta)\} = 1$ already has a usefull consequence, for it implies that

$$\phi(\theta)^n = \mathbb{E}\{\sum_r e^{-\theta B_{nr}}\} \geqslant \mathbb{E}\{e^{-\theta B_n}; S\}$$

$$\geqslant e^{-\theta na} \mathbb{P}\{B_n \leqslant na, S\}$$

for any a. Hence

$$\mathbb{P}\{B_n \leqslant na, S\} \leqslant \{\phi(\theta) e^{\theta a}\}^n$$

and the Borel-Cantelli lemma shows that

$$\liminf_{n\to\infty} B_n / n \geqslant a \tag{3.3.8}$$

almost surely on S, whenever $\phi(\theta) e^{\theta a} < 1$. Since θ is at our disposal, this shows that (3.3.8) holds whenever $\mu(a) < 1$.

To get an asymptotic upper bound for B_n / n is rather more difficult. It turns out that, under (3.3.2) and (3.3.3), we can parody the proof of Theorem 1.4 to show that the limit (3.3.1) holds in L_1 norm.

Now use the martingale convergence theorem to establish the existence of the limit

$$W(\theta) = \lim_{n\to\infty} W_n(\theta) \tag{3.3.9}$$

almost surely. By Fatou's lemma, $\mathbb{E}\{W(\theta)\} \leqslant 1$; suppose if possible that

$$\mathbb{E}\{W(\theta)\} = 1, \tag{3.3.10}$$

in which case the limit (3.3.9) holds in L_1 norm. Differentiate the identity for $\phi(\theta)^n$ to give

$$-n\,\phi(\theta)^{n-1}\,\phi'(\theta) = \mathbb{E}\{\sum_r B_{nr} e^{-\theta B_{nr}}\}$$

$$\geqslant \mathbb{E}\{B_n \sum_r e^{-\theta B_{nr}}\}$$

so that

$$-\phi'(\theta) / \phi(\theta) \geqslant \mathbb{E}\{n^{-1} B_n W_n(\theta)\}$$

$$= \mathbb{E}\{n^{-1} B_n W(\theta)\},$$

using the martingale property. Letting $n \to \infty$,

$$-\phi'(\theta)\ /\ \phi(\theta) \geqslant \mathbb{E}\ \{\gamma\ W(\theta)\} = \gamma$$

Hence

$$\gamma \leqslant -\ \phi'(\theta)\ /\ \phi(\theta) \qquad (3.3.11)$$

for all θ such that (3.3.10) holds.

Thus the analysis turns on the question, which is also of interest in its own right, of deciding for what values of θ (3.3.10) is valid. The usual way of proving such a fact is to estimate $\mathbb{E}\ \{W_n(\theta)^2\}$, assuming that

$$\mathbb{E}\ \{W_1(\theta)^2\} < \infty \qquad (3.3.12)$$

and this turns out to establish (3.3.10) so olong as

$$\phi\ (2\theta) < \phi\ (\theta)^2$$

Unfortunately, this is not enough, and a more delicate argument is needed, based on the estimation of $\mathbb{E}\ \{W_n(\theta)^\alpha\}$ for $1 < \alpha < 2$. This shows that (3.3.10) holds if

$$\phi(\alpha\theta) < \phi(\theta)^\alpha$$

for some such α, and this is true if

$$\theta\ \phi'(\theta) \leqslant \phi(\theta)\ \log\ \phi(\theta).$$

An examination to the values of θ for which this inequality holds shows that they enable (3.3.11) to assert that $\gamma < a$ whenever $\mu(a) > 1$, and this suffices to identify γ according to (3.3.5) and (3.3.6). The proof is then completed by using truncation methods to remove the redundant conditions (3.3.2), (3.3.3) and (3.3.12).

The details of this argument may be found in [18]. More recently, in a yet unpublished work, J.D. Biggins has extended it to cover multi-type branching processes, and has also used a time-reversal argument to prove a corresponding result for the last birth in the nth generation (when this has meaning).

BIBLIOGRAPHIE

[1] D.L. BURKHOLDER, Contribution to the discussion of [16].

[2] H. CHERNOFF, A measure of asymptotic efficiency for tests of a hypothesis on the sum of observations, Ann. Math. Statist. 23 (1952) 493-507.

[3] J.L. DOOB, Stochastic processes, Wiley, New-York (1953).

[4] N. DUNFORD and J.T. SCHWARZ, Linear Operators (Part I), Interscience, New-York (1958)

[5] H. FURSTENBERG and H. KESTEN, Products of random matrices, Ann. Math. Statist. 31 (1960) 457-469

[6] A.M. GARSIA, A simple proof of E. Hopf's maximal ergodic theorem, J. Math. Mech. 14 (1965) 381-382.

[7] R.K. GETOOR, Some assymptotic formulas involving capacity, Z. Wahrscheinlichkeitsth 4 (1964) 248-252

[8] J.M. HAMMERSLEY and J.A.D. WELSH, First-passage percolation, subadditive processes, stochastic networks and generalised reneval theory, Bernoulli-Bayes-Laplace Anniversary Volume, Springer, Berlin (1965).

[9] J.M. HAMMERSLEY, A few seedlings of research, Proc. Sixth Berkeley Symp. University of California Press, 1 (1972) 345-394.

[10] J.M. HAMMERSLEY, Contribution to the discussion of [16].

[11] J.M. HAMMERSLEY, Postulates for subadditive processes, Ann. Prob. 2 (1974) 652-680.

[12] J.M. HAMMERSLEY, Poking about for the vital juices of mathematical research, Bull. Inst. Math. Appl. 10 (1974) 235-247.

[13] T.E. HARRIS, The theory of branching processes, Springer, Berlin (1963)

[14] H. KESTEN, Contribution to the discussion of [16].

[15] J.F.C. KINGMAN, The ergodic theory of subadditive stochastic processes, J. Roy. Statist. Soc. B 30 (1968) 499-510.

[16] J.F.C. KINGMAN, Subadditive ergodic theory, Ann. Prob. 1 (1973) 883-909.

[17] J.F.C. KINGMAN, Geometrical aspects of the theory of non-homogeneous Markov chains, Math. Proc. Camb. Phil. Soc. 77 (1975) 171-183.

[18] J.F.C. KINGMAN, The first birth problem for an age-dependent branching process, Ann. Prob. 3 (1975).

[19] J. KOMLOS, A generalisation of a problem of Steinhaus, Acta Math. Acad. Sci. Hungar 18 (1967) 217-229.

[20] D. RICHARDSON, Random growth in a tessellation, Proc. Camb. Phil. Soc. 74 (1973) 515-528.

[21] A.V. SKOROKHOD, Limit theorems for stochastic processes, Theor. Prob. Appl. 1 (1956) 261-290.

[22] F. SPITZER, Electrostatic capacity, heat flow and brownian motion, Z. Wahrscheinlichkeitsch 3 (1964) 110-121.

[23] F. SPITZER, Contribution to the discussion of [16].

[24] K. YOSIDA and E. HEWITT, Finitely additive measures, Trans. Amer. Math. Soc. 72 (1952) 46-66.

[19] [illegible] A generalisation of [illegible] statistics, Acta Math. Acad. Sci. Hungar. [illegible] (195?) [illegible]

[20] [illegible], Random [illegible], Proc. [illegible] (19??) [illegible]

[21] [illegible] stochastic processes [illegible] Ann. [illegible] (19??) [illegible]

[22] [illegible] and [illegible] Math. [illegible] (19??) [illegible]

[23] [illegible] [illegible]

[24] [illegible] Math. [illegible]

QUELQUES PROPRIETES ASYMPTOTIQUES

DES PRODUITS DE MATRICES ALEATOIRES

PAR Y. GUIVARC'H

Originally published in: *Ecole d'Eté de Probabilités de Saint-Flour VIII – 1978*, Lecture Notes in Mathematics, Vol. **774**, 177–250, DOI: 10.1007/BFb0089624, © Springer-Verlag Berlin Heidelberg 1980,
Reprint by Springer-Verlag Berlin Heidelberg 2012

Quelques propriétés asymptotiques des produits de matrices aléatoires

Soit G un groupe localement compact et séparable, p une mesure de probabilité sur les boréliens de G et considérons l'espace produit $\Omega = G^{\mathbb{N}}$ muni de la probabilité produit $P = p^{\mathbb{N}}$. Désignons par $x_n(\omega)$ les fonctions coordonnées et considérons le produit $S_n(\omega) = x_1(\omega)\, x_2(\omega) \ldots x_n(\omega)$. La suite de variables aléatoires $g\, S_n(\omega)$ $(g \in G)$ s'appellera marche aléatoire de loi p partant de g et l'on s'intéressera au comportement asymptotique de cette suite pour P-presque tout ω. Ce comportement se révèlera étroitement relié aux propriétés géométriques du sous-groupe fermé H engendré par le support de p ; on supposera donc, en général, H égal à G et l'on dira alors que p est adaptée.

Observons enfin que ces données définissent une chaîne de Markov naturelle sur G de probabilité de transition $Q(g,.) = \delta_g * p$ qui est invariante à gauche sous l'action de G ; les trajectoires de cette chaîne ne sont autres que les suites $gS_n(\omega)$ et l'espace des trajectoires s'identifie donc à $\Omega \times G$, la translation dans le temps étant définie par

$$(g,\omega) \rightarrow [gx_1(\omega), \theta\omega]$$

où θ est lui-même défini par $x_n(\theta\omega) = x_{n+1}(\omega)$. Afin de faciliter l'exposé on se placera essentiellement dans le cas particulier important où G est un sous-groupe du groupe linéaire à d variables et il s'agira donc alors de produits de matrices aléatoires.

La connaissance du comportement asymptotique de $g\, S_n(\omega)$ se ramène à celle des suites de variables aléatoires réelles $f[gS_n(\omega)]$ où f est une fonction à valeurs réelles sur G. En particulier si f est bornée on s'intéresse à l'existence de la limite de $f(g\, S_n)$ et à la fonction F ainsi obtenue $F(g,\omega) = \lim_n f\,[gS_n(\omega)]$, fonction qui possède la propriété d'invariance dans le temps

$$F[gx_1(\omega)\,,\ \theta\omega] = F(g,\omega)$$

Ces fonctions invariantes F permettent de définir des fonctions harmoniques f par $f(g) = \int F(g,\omega)\, dP(\omega)$, fonction qui satisfait l'équation de convolution

$$f(g) = \int_G f(gx_1)\, dp(x_1) = (Qf)(g)$$

et permettent de retrouver F par le passage à la limite indiqué plus haut. L'étude de ces classes de fonctions harmoniques ou invariantes, conduit directement à la notion de frontière de G. Il apparaîtra que la frontière associée à p obtenue est relativement indépendante de la loi p choisie et est, du point de vue géométrique, essentiellement déterminée par la structure de G. Par exemple, si G est abélien, [5] cette frontière est toujours réduite à un point et inversement dès qu'une telle circonstance se produit pour une loi p, le groupe G est moyennable. Cependant, une importante différence entre l'aspect géométrique et l'aspect probabiliste est que, en quelque sorte, la marche aléatoire choisit, parmi les comportements asymptotiques géométriquement possibles, celui qui est le plus dégénéré. Dans le cas particulier des groupes de matrices, ces comportements sont décrits par des drapeaux et les frontières seront donc alors des espaces de drapeaux.

L'étude de la convergence de la suite $f(gS_n)$ lorsque f est harmonique bornée, qui est alors une martingale, peut être regardée comme l'étude de la convergence "en direction" de $g\,S_n$. Une manière de préciser ce comportement est d'étudier la limite de $\frac{1}{n}\, d(g, gS_n)$ où d est un écart invariant par translation qui, par exemple dans le cas du groupe linéaire peut être défini par $d(g,h) = \mathrm{Log}\, \|g\, h^{-1}\|$. L'existence de telles limites, que l'on peut considérer comme une forme de la loi des grands nombres, découle du théorème ergodique sous-additif de Kingmann [20]. La valeur de cette limite peut être regardée comme une vitesse de convergence de $g\, S_n$ vers la frontière et, pour une classe d'écarts canoniques sur G, sa nullité dépend essentiellement de la moyennabilité de G. L'étude de sa valeur met en jeu une notion de croissance que l'on rencontre par ailleurs dans le cadre des fonctions harmoniques [18] .

Ces relations étroites entre la structure de G et le comportement asymptotique de ses marches aléatoires conduisent à des applications purement géométriques concernant les propriétés de rigidité des réseaux d'un groupe de Lie [13] .

Par ailleurs, l'étude approfondie du comportement asymptotique de la suite $g S_n$, rendue possible à cause des deux circonstances particulières, indépendance des variables $x_n(\omega)$ et invariance sous l'action de G, peut être regardée comme un exemple où les propriétés mises en évidence, sont susceptibles de valoir dans des situations plus générales de théorie ergodique, calcul des probabilités, ou théorie du potentiel.

La majeure partie des résultats exposés est due à H. Fürstenberg ([9], [10][11][12], [13]). D'importants résultats de A. Raugi ([26]) et R. Azencott [3] y ont été incorporés et on a tenté de donner une vue d'ensemble des idées essentielles en y apportant, éventuellement, précisions ou simplifications. En particulier une large place a été donnée à la notion de moyennabilité . Pour simplifier l'exposé, on a choisi des hypothèses commodes mais ne donnant pas, le plus souvent, la généralité maximum.

Au chapitre I sont établis les théorèmes de convergence pour les produits de matrices aléatoires. On étudie au Chapitre II, suivant A. Raugi et R. Azencott les fonctions harmoniques et on calcule les frontières associées. Le chapitre III donne une application, selon H. Fürstenberg, et G.A. Margulis [22] , aux frontières et à la rigidité des sous-groupes du groupe linéaire.

ETUDE DES PRODUITS DE MATRICES ALEATOIRES

A - Moyennabilité

Définition : On dira que le G-espace localement compact E est moyennable s'il existe sur $C^b(E)$, espace des fonctions continues bornées une forme linéaire m, G-invariante positive telle que m(1) = 1.

Remarques :

a) -Si E est un espace homogène de G la définition coincide avec celle donnée en [8].

-Si E est compact, il est moyennable, si et seulement s'il admet une mesure finie G-invariante . En particulier les groupes compacts sont moyennables.

-Si $E = G = \mathbb{Z}$, une limite de Banach définit une forme linéaire m satisfaisant la définition : $\mathbb{Z}$ est un groupe moyennable. Il en est de même, plus généralement, des groupes abéliens.

b) Si G est le groupe $Sl(d,\mathbb{R})$ des matrices (d,d) de déterminant un et si E est l'espace projectif $P(\mathbb{R}^d) = P^{d-1}$, G opère de manière naturelle sur E et E n'est pas moyennable. En effet, E devrait alors posséder une mesure G-invariante m. Puisque le groupe orthogonal $K \subset \mathbb{R}^d$ est transitif sur P^{d-1}, m doit coïndider avec la mesure K-invariante canonique. Un calcul d'homogénéité immédiat montre que $\frac{dgm}{dm}(x) = \frac{\|x\|^d}{\|g^{-1}x\|^d}$ ou $\| \ \|$ désigne la norme euclidienne sur $\mathbb{R}^d$. Donc m n'est pas G-invariante.

c) Notons $C_u^b(E)$ le sous-espace de $C^b(E)$ formé des éléments f tels que $\lim_{g \to e} \| f_g - f \|_\infty = 0$

et montrons que l'existence d'une "moyenne" m G-invariante sur $C^b(E)$ équivaut à celle d'une moyenne G-invariante sur $C_u^b(E)$:

Notons pour une fonction ϕ continue à support compact sur G, par $\overline{\phi}$ la mesure de densité ϕ par rapport à la mesure de Haar droite ρ . Soit f un élément donné de $C^b(E)$ et considérons la fonctionnelle λ définie par

$$\lambda(\phi) = m(\overline{\phi} * f)$$

où $\overline{\phi} * f \in C_u^b(E)$ est défini par

$$\overline{\phi} * f(x) = \int f_g(x)\, d\overline{\phi}(g) = \int f(g^{-1}x)\, d\,\overline{\phi}(g)$$

Si σ est la fonction modulaire de G, on a $\overline{\phi}_g = \sigma(g)\, \delta_g * \overline{\phi}$ et $\lambda(\Phi_g) = \sigma(g)\, \lambda(\phi)$

Ceci prouve que λ coincide avec une mesure de Haar droite de G

$$\lambda(\Phi_g) = \lambda(\phi)$$

où $\quad \phi^g(x) = \phi(xg^{-1})$

Fixons maintenant ϕ et considérons la forme linéaire m' sur $C^b(E)$ définie par $m'(f) = m(\overline{\phi} * f)$

Elle vérifie :

$$m'(f_g) = m(\overline{\phi} * \delta_g * f) = m(\overline{\phi}^g * f) = \lambda(\phi^g)$$

Donc

$$m'(f) = \lambda(\phi) = \lambda(\phi^g) = m'(f_g).$$

L'autre direction de l'équivalence indiquée est triviale. Cet argument de régularisation peut s'ádapter à d'autres situations : par exemple on peut remplacer C^b par $\mathbb{L}^\infty$ si une mesure quasi-invariante est donnée sur E, ou bien remplacer C_u^b espace des fonctions G-uniformément continues par C_u^b,espace des fonctions G'-uniformément continues où G' est un groupe contenant G et opérant sur E.

Si E possède une mesure de Radon quasi-invariante υ on peut considérer les actions de G dans les $L^p(\upsilon)$ en particulier la représentation unitaire ρ de G dans $L^2(\upsilon)$ définie par

$$\rho(g)\,[f] = f_g \left(\frac{dg^{-1}\upsilon}{d\,\upsilon}\right)^{1/2}$$

La proposition suivante établit un lien entre représentations unitaires et moyennabilité. Elle est basée sur des considérations de [4] et [7].

Proposition 1

Les conditions suivantes sont équivalentes :

a) Il existe une suite d'éléments f_n unitaires de $L^2(\upsilon)$ et une partie dense D de G telle que

$$\forall\, g \in D \lim \langle \rho(g)\, f_n, f_n \rangle = 1$$

b) Il existe sur $L^\infty(\upsilon)$ une forme linéaire positive G-invariante m telle que $m(1) = 1$.

c) Il existe une suite f_n de $L^2(\upsilon)$ telle que pour tout g de G on ait

$$\lim \| \rho(g)\, f_n - f_n \|_2 = 0$$

d) Il existe une mesure de probabilité adaptée p sur G tel que le rayon spectral de $\rho(p)$ dans $L^2(\nu)$ soit un

Preuve :

$a \Longrightarrow b$

Puisque $|\langle\rho(g),f_n,f_n\rangle| \leq \langle\rho(g_n)\ |f_n|,|f_n|\rangle \leq 1$ on peut supposer les f_n positives. Considérons les mesures de probabilité $\mu_n = f_n^2 . \nu$ et observons que

$$||g\ \mu_n - \mu_n|| = \int|\rho(g)f_n - f_n|\ |\rho(g)\ f_n + f_n|\ d\nu$$

$$||g\ \mu_n - \mu_n|| \leq ||\rho(g)f_n - f_n||_2\ ||\rho(g)f_n + f_n||_2$$

$$||g\ \mu_n - \mu_n|| \leq 4\ |1 - \langle\rho(g)f_n\ ,\ f_n\rangle|$$

Les probabilités μ_n définiment des formes linéaires positives de norme un sur le sous-espace $L_u^\infty(\nu)$ de $L^\infty(\nu)$ formé des éléments f tels que

$$\lim_{g\to e} ||f_g - f||_\infty = 0$$

Soit m une valeur d'adhérence au sens faible de cette suite, gm est aussi valeur d'adhérence de la suite $g\mu_n$. On en conclut que, pour $g \in D$ on a $gm = m$. Par définition de $L_u^\infty(\nu)$, on a aussi $gm = m$ pour tout g et l'argument de régularisation de la remarque c) permet de définir une moyenne G-invariante sur $L^\infty(\nu)$

$b \Longrightarrow c$

On reprend un argument de [15] [pg]

Soit Δ une partie dénombrable dense dans le convexe p^1 des mesures de probabilité sur G ayant une densité par rapport à la mesure de Haar ; considérons l'espace des suites d'éléments de $\mathbb{L}^1(\nu)$, indexées par Δ, muni de la norme produit et noté Σ

Le convexe C des mesures de probabilités μ sur E appartenant à $L^1(\nu)$ est dense dans les moyennes sur $L^\infty(\nu)$ pour la topologie faible et il en résulte que zéro est adhérent faiblement à l'image de C dans Σ par l'application qui associe à μ :

$$\Sigma(\mu) = (\alpha * \mu - \mu)_{\alpha \in A}$$

Il en découle que zéro est aussi adhérent fortement à ce convexe : il existe une suite μ_n de C telle que pour tout α de Δ on ait

$$\lim_n \|\alpha * \mu_n - \mu_n\| = 0$$

Comme Δ est dense dans P^1, on en déduit $\lim_n \|\alpha * \mu_n - \mu_n\| = 0$ pour tout α de P^1. Il en découle

$\forall g \in G \quad \lim_n \|g(\alpha * \mu_n) - \alpha * \mu\| = 0$ car

$$\|g(\alpha * \mu_n) - (\alpha * \mu_n)\| \leq \|g\alpha * \mu_n - \mu_n\| + \|\alpha * \mu_n - \mu_n\|$$

Fixons α et considérons f_n de $L^2(\nu)$ définie par $f_n^2 \cdot \nu = \alpha * \mu_n$:

$$\|\rho(g) f_n - f_n\|_2^2 \leq \|\rho(g) f_n^2 - f_n^2\|_1 = \|g(\alpha * \mu_n) - \alpha * \mu_n\|$$

d'où $\lim \|\rho(g) f_n - f_n\|_2 = 0$

c $\Longrightarrow$ d

Soit p une mesure de probabilité arbitraire sur G et f_n la suite de c) :

$$\|\rho(p) f_n - f_n\|_2 \leq \int \|\rho(g) f_n - f_n\|_2 \, dp(g)$$

La condition c) et le théorème de Lebesgue impliquent :

$$\lim_n \|\rho(p) f_n - f_n\|_2 = 0$$

d $\Longrightarrow$ a

Si λ est un nombre complexe de module 1 tel que $(\rho(p) - \lambda)\, L^2(\nu)$ ne soit pas un sous-espace dense de $L^2(\nu)$, il existe un élément non nul h de L^2 tel que $\lambda\rho(p)^* h = \overline{\lambda}h$ c'est-à-dire $\lambda\rho(p)^* h = h$. Comme $\lambda\rho(p)^*$ est une contraction de $L^2(\nu)$ ses points fixes sont aussi ceux de son adjoint $\overline{\lambda}\rho(p)$ et $\rho(p)h = \lambda h$

Or, si le rayon spectral $\rho(p)$ égale 1 , il existe une valeur spectrale λ de module 1 ; cette valeur est soit une valeur propre, soit une valeur propre approchée et dans tous les cas, il existe une suite $f_n \in L^2(\nu)$, qui peut être constante, telle que

$$||f_n||_2 = 1 \quad \text{et} \quad \lim_n ||\rho(p)\, f_n - \lambda f_n||_2 = 0$$

Alors

$$||\rho(p)\, f_n - \lambda f_n||_2 \geq |\langle\rho(p)\, f_n - \lambda f_n, f_n\rangle| = |\langle\rho(p)\, f_n, f_n\rangle - \lambda|$$

implique

$$\lim_{n\to\infty} \langle\rho(p) f_n, f_n\rangle = \lim_{n\to\infty} \int \langle\rho(y) f_n, f_n\rangle\, dp(y) = \lambda \quad ,$$

Les inégalités

$$1 = \int ||\rho(y)f_n||_2\, ||f_n||_2\, dp(y) \geq \int \langle\rho(y)(f_n),(f_n)\rangle\, dp(y) \geq \int |\langle\rho(y)f_n, f_n\rangle|\, dp(y) \geq$$

$$\geq |\int \langle\rho(y)f_n, f_n\rangle\, dp(y)$$

donnent

$$\lim_n \int \langle\rho(y)\, |f_n|,\, |f_n|\rangle\, dp(y) = 1 \quad .$$

Puisque $<\rho(y)\,|f_n|, |f_n|> \leq 1$ il existe une sous-suite de $|f_n|$ notée f'_n telle que p-presque partout on ait :

$$\lim_n <\rho\,(y)\,f'_n,\ f'_n> = 1$$

L'ensemble des y vérifiant cette relation est un sous-groupe qui porte ρ et qui est donc dense dans G si p est adaptée.

Corollaire 1

Si E est non-moyennable, si p est une probabilité adaptée sur G, si υ est une mesure de Radon quasi-invariante sur E, le rayon spectral de $\rho(p)$ dans $L^2(\upsilon)$ est strictement inférieur à 1.

Preuve :

Si $\rho(p)$ était égal à 1, il existerait d'après la proposition une moyenne invariante sur $L^\infty(\upsilon)$ et donc, par restriction, une moyenne invariante sur C^b (E) ce qui est exclu par hypothèse.

Corollaire 2

Soit p une mesure de probabilité sur Sl (d, $\mathbb{R}$), G le sous-groupe engendré par le support de p. Si G ne laisse pas de mesure invariante sur P^{d-1}, on a

$$\lim_{n\to\infty} 1/_n \int \mathrm{Log}\,\|\ g\,\|\ dp^n\,(g)\ > 0$$

Preuve :

Si ρ désigne la représentation unitaire de G dans $\mathbb{L}^2(m)$ où m est la mesure K-invariante sur P^{d-1}, on a

$$<\rho\ (p^n)1,1> = \int \frac{dg^{-1}m}{dm}\,(x)^{1/2}\ dp^n(g)\ dm\,(x)$$

et comme $\frac{dg^{-1}m}{dm}\,(x) = \geq \frac{1}{\|gx\|^d} \geq \frac{1}{\|g\|^d}$

on en déduit :

$\frac{1}{n} \int \operatorname{Log} \frac{1}{\|g\|^d} \, dp^n(g) \leq \operatorname{Log} \langle \rho(p^n) 1, 1 \rangle$

$$\lim_n \frac{1}{n} \int \operatorname{Log} \|g\| \, dp^n(g) \geq - \frac{2}{d} \lim_n \operatorname{Log} \langle \rho(p^n) 1, 1 \rangle \; 0$$

Cette dernière quantité est positive, puisque le rayon spectral de $\rho(p)$ est inférieur à un.

Ce corollaire permet de retrouver les résultats de Furstenberg et Tutubalin concernant la loi des grands nombres pour les produits de matrices. Il sera amélioré et précisé plus loin.

La définition de moyennabilité utilisée se prête à des propriétés d'extension comme le montre la proposition.

Proposition 2

Soit G un groupe localement compact, H, K, L des sous-groupes fermés avec $K \supset L$. Si les actions de H et K sur G/K et K/L respectivement sont moyennables, il en est de même de l'action de H sur G/L.

Preuve

D'après la remarque c) suivant la définition, il suffit de montrer l'existence d'une moyenne H-invariante sur l'espace $C_u^b(G/L)$ des fonctions G-uniformément continues. Si n est une moyenne K-invariante sur K/L, posons $\hat{f}(g) = n\,[f_g]$ où $f \in C_u^b(G/L)$ et $f_{g^{-1}}$ est la fonction sur K/L définie par

$f_g(k) = f(g\,k)$

Notons que $\hat{f}(g)$ est en réalité une fonction sur $G/_K$ à cause de l'invariance de n et que $\hat{f}(g)$ est continue, car, pour ε voisin de l'identité, la quantité $\| f_{(\varepsilon g)} - f_g \|_\infty$ est petite en raison de l'hypothèse $f \in C_u^b \; (G/_L)$. Si m est une moyenne H-invariante sur $G/_K$, on peut donc définir une moyenne m' sur $G/_L$ par la relation

$m'(f) = m(\hat{f})$

Par construction, elle possède l'invariance requise.

Corollaire

Soit K un sous-groupe moyennable de G et α une mesure de probabilité sur $G/_K$. Alors le sous-groupe H de G qui fixe α est moyennable.

Preuve

On applique la proposition avec $L = \{e\}$: $K/_L = K$ est moyennable et α est une moyenne H-invariante sur $G/_K$. Donc l'action de H sur $G/_{\{e\}} = G$ est moyennable. La moyennabilité de H en découle simplement.

Soit G un sous-groupe de $Sl(d,\mathbb{R})$ et $E = \mathbb{R}^d - \{0\}$. Etudions la moyennabilité de E en reprenant des arguments développés par H. Furstenberg ([9],[11]).

Proposition 3

Soit V un espace vectoriel réel de dimension finie et G un groupe contenu dans le groupe linéaire de V. Alors le G-espace $V - \{0\}$ est moyennable si et seulement si G possède un sous-groupe d'indice fini G' et V un sous-espace V' G'-invariant tel que l'image de G' dans le groupe projectif de V' soit relativement compacte.

Cette proposition découlera de deux lemmes. Disons qu'une mesure de probabilité sur l'espace projectif est propre si elle n'est pas portée par une réunion finie de sous-espaces projectifs propres.

Lemme 1 : Soit υ une mesure de probabilité propre sur l'espace projectif, qui est G-invariante. Alors G est relativement compact.

Preuve :

Si G n'est pas relativement compact, il existe des scalaires λ_n et une suite g_n de G telles que

$$\lim_n \lambda_n g_n = u \quad \text{avec} \quad u \neq 0, \text{ det. } u = 0$$

Soit W le noyau de u, W' son image et décomposons la mesure G-invariante υ en ses restrictions υ_1 et υ_2 à P(W) et P(V) - P(W). Sur P(V) -P(W), u définit une application quasi-projective notée encore u et l'on a $\lim (\lambda_n g_n) \upsilon_2 = u\upsilon_2$

On peut de plus supposer que $g_n \upsilon_1$ converge vers une mesure portée par un sous-espace X de même dimension que P(W). On a donc :

$$\upsilon = g_n \upsilon = \lim_n g_n \upsilon_1 + \lim_n g_n \upsilon_2 = u \upsilon_2 + \lim g_n \upsilon_1$$

et υ est portée par $P(W') \cup X$, ce qui contredit l'hypothèse sur υ.

Lemme 2 : Le G-espace V - {0} est moyennable si et seulement si G laisse invariant une mesure de probabilité sur l'espace projectif P(V) associé à V.

Preuve :

Soit π l'application canonique de V -{0} sur P(V). Si alors m est une moyenne G-invariante sur V - {0} on peut définir une probabilité sur P(V) G-invariante par la formule

$$\pi(m)\ [\phi] = m\ [\phi \circ \pi]$$

L'invariance de $\pi(m)$ résulte de celle de m.

La réciproque découle de la proposition 2 : $V - \{0\}$ est un espace homogène de Sl(V) et P(V) est quotient de cet espace homogène par le groupe des homothéties qui est abélien, donc moyennable. Donc si P(V) est G-moyennable, il en est de même de $V - \{0\}$.

Preuve de la Proposition

Si $V - \{0\}$ est moyennable, il existe une probabilité υ sur P(V) qui est G-invariante d'après le lemme 2. Si υ est propre, G est relativement compact d'après le lemme 1. Sinon, on considère la plus petite réunion de sous-espaces projectifs qui porte υ ainsi que le sous-groupe $G' \subset G$ qui fixe chacun de ces sous-espaces : les restrictions de υ à chacun de ces sous-espaces sont propres et les images de G' dans les groupes projectifs correspondants sont relativement compactes d'après le lemme 1. Par ailleurs, $G/_{G'}$ s'identifie à un groupe de permutation de ces sous-espaces et est donc fini.

Réciproquement, le sous-espace V' et le sous-groupe G' de la proposition sont tels que $V' - \{0\}$ possède une moyenne m' qui est G'-invariante. La moyenne définie par

$$|G/_{G'}|\ m = \sum_{\bar{g} \in G/_{G'}} gm'$$

est alors G-invariante.

Avant d'appliquer la proposition 3 à une propriété de densité analogue au théorème classique de Borel[15], énonçons la proposition très simple, suivante :

Proposition 4

Soit G un groupe localement compact, ρ une représentation irréductible de G dans un espace vectoriel réel V de dimension finie, H un sous-groupe fermé de G tel que $^G/_H$ soit moyennable. Alors si $\rho(G)$ ne laisse pas de mesure invariante sur les espaces projectifs associés aux puissances extérieures de V , la restriction de ρ à H est irréductible.

Preuve

Puisque $^G/_H$ est moyennable, $\rho(H)$ ne peut laisser de mesure invariante sur les espaces projectifs considérés car $\rho(G)$ possèderait alors la même propriété. En particulier, si $\rho(H)$ laissait un sous-espace de V invariant, supposé de dimension $k < \dim V$, $\rho(H)$ laisserait un point invariant, donc une mesure de Dirac invariante, sur l'espace projectif de $\Lambda^k V$ ce qui est exclu d'après l'observation précédente.

La proposition 3 montre que la condition portant sur $\rho(G)$ qui figure dans la proposition précédente est vérifiée dès que G n'admet que des représentations unitaires de dimension finie triviales. Disons alors, en étendant la définition de [11], que (G, H) est une paire de Borel si G vérifie la condition précédente et si $^G/_H$ est moyennable. Les résultats sur les paires de Borel énoncés en [ ] s'étendent alors à la situation envisagée ici. En particulier on a le théorème de "densité".

Théorème

Soit (G,H) *une paire de Borel,* ρ *une représentation linéaire de* G *dans un espace vectoriel de dimension finie* V *. Alors tout sous-espace de* V $\rho(H)$*-invariant est aussi* $\rho(G)$*-invariant*

Preuve :

Soit $W \subset V$ avec $\rho(H)W \subset W$. On peut supposer, en utilisant une puissance extérieure de V que $\dim W = 1$. Dans ce cas, on raisonne par récurrence sur $\dim V$. Puisque H fixe le point w associé à W de l'espace projectif, et que $G/_H$ est moyennable, G laisse invariante une mesure de probabilité r sur cet espace projectif. D'après la condition imposée à G et le lemme 1 utilisé dans la proposition 3 , G opère trivialement sur la plus petite réunion de sous-espaces projectifs portant r . Cette même condition imposée à G implique aussi que l'action de G dans les sous-espaces vectoriels correspondants est triviale. Si W est contenu dans la somme U de ces sous-espaces, on a donc le résultat voulu. Sinon, on applique l'hypothèse de récurrence à l'action de G dans $V/_U$: la droite W est invariante par $\rho(G)$ modulo U . On obtient donc un homomorphisme de G dans le groupe nilpotent des automorphismes de $W + U$ qui laisse les vecteurs de U et $W+U/_U$ invariants. La condition imposée à G implique la trivialité de cet homomorphisme et on obtient donc la conclusion voulue. On a donc le

Corollaire

Soit (G,H) une paire de Borel, G étant un groupe de Lie connexe. Si L est un sous-groupe fermé de G possèdant un nombre fini de composantes connexes et contenant H , alors $L = G$. En particulier, si G est algébrique, H est algébriquement dense dans G .

Preuve

L'algèbre de Lie de L est invariante par les automorphismes définis par les éléments de H ; c'est donc un idéal, d'après le théorème et la composante neutre L_o de L est distinguée dans G.

Enfin $G/_L$ est moyennable comme image équivariante de $G/_H$; il en est de même de $G/_{L_o}$ qui est un revêtement fini de $G/_L$. Comme $G/_{L_o}$ est un groupe de Lie connexe moyennable, $L_o = G$, d'après la condition imposée à G .

Remarques :

- On voit aisément que la classe des groupes de Lie connexes dont les représentations unitaires de dimension finie sont triviales coïncide avec celle des groupes de Lie sans partie semi-simple compacte et qui sont égaux à leur groupe dérivé.
- Si l'algèbre de Lie de G est simple et non compacte, si $G/_H$ est moyennable, H est discret d'après le corollaire. Par exemple, l'espace homogène $\frac{Sl(2,\mathbb{C})}{Sl(2,\mathbb{R})}$ considéré en [8] est non moyennable ; d'ailleurs si l'on considère la représentation naturelle de $Sl(2,\mathbb{C})$ dans $\mathbb{C}^2$ identifié à $\mathbb{R}^4$ et l'action de $Sl(2,\mathbb{C})$ sur la grassmannienne des 2-plans de $\mathbb{R}^4$, il ne peut y avoir sur cette grassmannienne de mesure invariante pour $Sl(2,\mathbb{C})$ puisque $Sl(2,\mathbb{R})$ laisse invariant le point correspondant à $\mathbb{R}^2$.
- Si $G/_H$ possède une mesure invariante et si p est une mesure de probabilité adaptée sur G telle que, pour les fonctions continues à support compact sur $G/_H$ on ait $\sum_{n=o}^{\infty} p^n * \phi(x) = \infty$ pout tout x de $G/_H$, l'espace homogène $G/_H$ est moyennable d'après [4] et [7]. D'après [11], si $G = Sl(2,\mathbb{R})$ et si H est le deuxième dérivé de $Sl(2,\mathbb{Z})$, $G/_H$ n'est pas de mesure invariante finie et, la situation envisagée ici est réalisée.

B - Croissance et Loi des grands nombres

Soit E un G-espace topologique localement compact séparable muni d'une mesure de Radon invariante qui ne s'annule pas sur les ouverts ; la mesure d'un ensemble A sera notée par $|A|$ dans la suite. Supposons donnée sur $E \times E$ une fonction continue δ vérifiant l'inégalité triangulaire : $\forall\, x, y, z \in E$ $\delta(x,z) \leq \delta(x,y)+\delta(y,z)$ et $\forall\, g \in G$ $\sup_{x \in E} \delta(gx,x) < +\infty$. On peut alors poser la

Définition

On appelle croissance de E relative à δ le nombre positif ou nul, éventuellement infini $c(\delta)$ défini par

$$c(\delta) = \overline{\lim_n}\ \frac{1}{n} \operatorname{Log} |B_n^x|$$

où $B_n^x = \{y \in E\ ;\ \delta(x,y) \leq n\}$ $\quad (n \geq 0)$

L'inégalité triangulaire vérifiée par δ assure que ce nombre est indépendant de x.

Exemple

Si E est un espace homogène du groupe G supposé engendré par le voisinage compact V de l'identité, on peut définir une fonction δ_V^E du type précédent en posant : $\delta_V^E(x,y) = \operatorname{Inf}\{n \geq 0\ ;\ y \in V^n x\}$.

Si E possède une mesure G-invariante, la croissance de

E relative à δ_V^E est un nombre fini c_V dont la nullité est indépendante de V, comme dans le cas des groupes [18] On dira aussi que E est à croissance exponentielle ou non, suivant que $c_V > 0$ ou $c_V = 0$.

Définition

Pour une probabilité p sur les boréliens de G, on appellera croissance de p dans E, la borne inférieure des réels $\alpha > 0$ tels que, pour toute fonction ϕ continue à support compact, il existe une suite croissante exhaustive de boréliens A_n telle que $\lim_n \frac{1}{n} \operatorname{Log}|A_n| \leq \alpha$ et $\lim_n \int_{A_n} p^n * \phi(x)dx = \int_E \phi(x)dx$.

Afin de relier les deux croissances précédentes, posons $\overline{\delta}(g) = \operatorname{Sup}_x \delta(x,gx)$ $\underline{\delta}(g) = \operatorname{Sup}_x \delta(gx,x) = \overline{\delta}(g^{-1})$ et supposons que p vérifie la condition de moment $\int \operatorname{Sup}[\overline{\delta}(g), \underline{\delta}(g)]\, dp(g) < +\infty$

Considérons alors le produit partiel gauche $t_n(\omega) = x_n \dots x_1$ où $\omega = (x_1,\dots,x_n,\dots) \in \Omega = G^N$, et la suite de fonctions $\overline{\delta}[t_n(\omega)]$ qui, à cause de la sous-additivité de $\overline{\delta}$ et de la condition de moment, satisfait les hypothèses du théorème ergodique sous-additif [6] ; on a, presque sûrement :

$$\lim_n \frac{1}{n} \overline{\delta}(x_n \dots x_1) = \lim_n \frac{p^n(\overline{\delta})}{n} = \gamma(\delta)$$

Proposition

Avec les notations et hypothèses précédentes, la croissance c de p dans E vérifie l'inégalité $c \leq \gamma^+(\delta) \,.\, c(\delta)$ où $\gamma^+(\delta) = \operatorname{Sup}[\gamma(\delta),0]$.

Soit $\alpha > \gamma^+(\delta)$ et considérons la suite de boréliens

$$A_n = B^y_{n\alpha} = \{z ; \delta(y,z) \le n\alpha\}$$

Alors on a par définition de $c(\delta)$: $\overline{\lim} \frac{\mathrm{Log}|A_n|}{n} \le \alpha c(\delta)$

et de plus :

$$\int_{A_n} (p^n * \phi)(x)dx = \int_{A_n} dx \int_\Omega \phi(t_n^{-1} x) \quad d\tilde{p}(\omega)$$

$$\int_{A_n} p^n * \phi(x)dx = \int_\Omega d\tilde{p}(\omega) \int_E 1_{A_n}(t_n y) \phi(y) dy$$

Or, par définition de $\gamma(\delta)$, on a presque sûrement, pour y fixé :

$$\lim_n 1_{A_n}(t_n y) = 1$$

Comme ϕ est à support compact, on en déduit :

$$\lim_n \int_{A_n} p^n * \phi(x)dx = \int_E \phi(x)dx$$

<u>Corollaire</u> :

Si E est un espace homogène de G à croissance non exponentielle la croissance dans E d'une probabilité sur G est nulle.

Si $E = G$ et si p admet une densité continue à support compact V la croissance de p est reliée à l'entropie h de p au sens de [1] . qui est définie par

$$h = \widetilde{\lim}\, h_n = \overline{\lim_n} - \frac{1}{n} \int_G p^n(g) \mathrm{Log}\, p^n(g)\, dg$$

On a en particulier la

<u>Proposition</u>

Avec les notations et hypothèses précédentes on a $h \le c$

<u>Preuve</u>

Soit A_n une suite croissante de compacts et posons

$$A'_n = V^n - A_n$$

Alors :

$$\int \text{Log} \frac{1}{\bar{p}^n(g)} dp^n(g) + \int_{A'_n} \text{Log} \frac{1}{p^n(g)} dp^n(g)$$

$$nh_n \leq p^n(A^n) \quad \text{Log} \frac{|A_n|}{p^n(A^n)} + p^n(A'_n) \text{ Log} \frac{|A'_n|}{p^n(A'_n)}$$

On en déduit :

$$nh_n \leq \text{Log} \quad |A_n| + (1 - p^n(A^n)) \quad \text{Log}|V^n| \quad - \text{Log} \quad p^n(A^n)$$
$$- p^n(A'_n) \text{ Log } p_n(A'_n)$$

si $|A_n| \leq \alpha^n$ et $\lim\limits_n \; p^n(A'_n) = 0$ on a :

$$\lim_n \; p^n(A'_n) \text{ Log } p^n(A'_n) = 0$$

et $\overline{\lim\limits_n} \; h_n \leq \overline{\lim} \dfrac{\log |A_n|}{n} \leq \alpha$

Donc $h \leq c$.

La croissance de p dans E est reliée au rayon spectral de l'opérateur de convolution p dans $L^2(E)$ par la proposition

Proposition 3

Avec les notations précédentes on a l'inégalité

$c \geq -2 \text{ Log } \sigma$

Preuve

D'après l'inégalité de Schwarz, on a, si ϕ est une fonction continue à support compact et A_n une suite croissante de boréliens

$$|\int_{A_n} p^n * \phi(x)\, dx| < ||p^n * \phi||_2 \, |A_n|^{1/2} \quad \text{et si}$$

$$\lim_n \int_{A_n} p^n * \phi(x)\, dx = \int_E \phi(x)\, dx$$

$$|\int_E \phi(x)dx| \leq (\sigma+\varepsilon)^n \, ||\phi||_2 \, |A_n|^{1/2}$$

pour n assez grand et $\varepsilon > o$ arbitraire .

En particulier, si $\phi \geq o$ on obtient :

$$2(\sigma+\varepsilon) + \overline{\lim_n} \, |A_n|^{1/n} \geq 1$$

d'où $\quad c \geq -2 \text{ Log } \sigma$

Corollaire 1

Supposons p adaptée et E non moyennable. Alors la croissance de p dans E est strictement positive.

Si δ sur $E \times E$ est à croissance finie et si $\overline{\delta}(g) = \operatorname{Sup}_{x \in E} \delta(x, gx)$

on a presque sûrement $\lim \frac{1}{n} \overline{\delta}(g_n \ldots g_1) = \gamma(\delta) > 0$. [On suppose ici que $\int_G \text{Sup}\,|\overline{\delta}(g), \overline{\delta}(g^{-1})|\,dp(g) < +\infty$]

Preuve

Puisque $r < 1$, on a

$$c \geq -2 \log \sigma > 0$$

De plus :

$$0 < c \leq \gamma^{+}(\delta) \,.\, c(\delta)$$

D'où, puisque $c(\delta) < +\infty$: $\gamma^{+}(\delta) > 0$

$\gamma(\delta) > 0$

En particulier, on a le

Corollaire 2:

Soit E un espace homogène de G non moyennable possèdant une mesure invariante, p une probabilité adaptée sur $G = \bigcup_{n \geq 0} V^n$ et $\overline{\delta}_V^E(g) = \text{Inf}\,\{n \geq 0 \,;\, \forall\, x \in E \quad gx \in V^n x\}$

Alors on a presque surement

$$\lim_n \frac{1}{n}\, \overline{\delta}_V^E(g_n \ldots g_1) = \gamma_V^E > 0$$

En particulier, d'après le corollaire de la proposition 1, si E est à croissance non exponentielle il est moyennable. On peut noter aussi que si $E = G$, ce corollaire montre que la circonstance $\gamma(\delta_V) = 0$ ne peut se présenter que si G est moyennable : une autre condition nécessaire, évidente, est que p soit centrée. Ce corollaire s'applique en particulier si G est semi-simple, sans facteurs compacts ou du type $SO(n,1)$ et $SU(n,1)$, aux espaces homogènes de mesure invariante infinie car G possède alors la propriété de Kajdan [19] et les espaces homogènes moyennables de G sont de mesure invariante finie. Mais si G est de la forme $SO(n,1)$ il possède des sous-groupes discrets Γ tels que $G/_\Gamma$ soit moyennable et ne soit pas de mesure finie [ ]. Le corollaire 1 permet aussi de donner une extension maximale d'un résultat de A. Furstenberg concernant les produits des matrices.

Proposition 4

Soit p une mesure de probabilité sur $Sl(d, \mathbb{R})$ telle que

$$\int \mathrm{Log} \; \| g \| \; dp(g) < +\infty$$

et G le sous-groupe engendré par le support de p. Alors si G est non-moyennable on a p.s. $\lim_n \frac{1}{n} \mathrm{Log} \; \| g_n \ldots g_1 \| = \gamma > 0$

Preuve :

Si G est non moyennable, $E = Sl(d, \mathbb{R})$ est un G-espace non moyennable lorsque G opère par translations à gauche. On pose ici :

$$\delta(x,y) = \mathrm{Log} \; \| x \, y^{-1} \| \qquad (x, y \in E)$$

et alors

$$\underline{\delta}(g) = \mathrm{Sup} \; \delta(gx, x) = \mathrm{Log} \; \| g \|$$

$$\overline{\delta}(g) = \mathrm{Log} \; \| g^{-1} \|$$

Le calcul de la matrice g^{-1} à partir de celle de g montre que, avec une constante c on a :

$$\| g^{-1} \| \leq c \; \| g \|^{d-1}$$

L'hypothèse de moment figurant dans le corollaire 1 est donc ici satisfaite.

Pour montrer que δ est à croissance finie par rapport à la mesure de Haar de E, on décompose $g \in Sl(d, \mathbb{R})$ sous la forme

$$g = k \; n \; a$$

où k est orthogonale, a diagonale positive, et n triangulaire inférieur

On a alors, élémentairement,

$$\|g\| = \|na\| \qquad \|a\| \leq \|g\| \qquad \|n\| \leq \|g\|^d$$

On a alors

$$|B^e_{r-1}| = \int_{B^e_{r-1}} da\,dn$$

où da et dn sont les mesures de Haar sur les groupes A et N des matrices diagonales ou triangulaires inférieures. Donc

$$|B^e_{r-1}| \leq \int_{\|a\| \leq 3^r} da \int_{\|n\| \leq 3^{rd}} dn \leq c\, r^{d-1}\, 3^{\frac{d^2(d-1)r}{2}}$$

où c est une constante.

Donc les hypothèses du corollaire 1 sont satisfaites, ce qui donne la positivité voulue.

Le cas où G est moyennable, est plus complexe et est traité en [17].

On verra au chapitre III comment calculer explicitement, dans un cas particulier, la croissance d'une mesure de probabilité.

Le résultat général suivant [10] permet de préciser la proposition 4.

Théorème.

Soit p une mesure de probabilité sur $Sl(d, \mathbb{R})$ et G le sous-groupe engendré par le support de p. On suppose G irréductible et

$\int \log \| g \| dp \ (g) < + \infty.$

Alors, pour toute mesure p-invariante, ν sur P^{d-1}, l'intégrale

$$\iint \log \frac{\|g\, x\|}{\| x \|} \, dp(g)\, d\nu\, (\bar{x})$$

a une valeur fixe α et , pour tout $x \neq 0$ de $\mathbb{R}^d$ on a (p.p.)

$$\lim_n \ \frac{1}{n} \log \| g_n \cdots g_1 \ x \| = \alpha$$

Le théorème permet alors d'affirmer que $\alpha > 0$ si G est non moyennable (et irréductible) car toutes les normes sur l'espace des matrices sont équivalentes et l'une d'elle est donnée par

$\| g_n \quad g_1 \| = \operatorname{Sup}_{1 \leq i \leq d} \| g_n \cdots g_1 \ e_i \|$ où (e_i) $(1 \leq i \leq d)$ est une base de $\mathbb{R}^d$

Esquissons brièvement la démonstration du théorème cité :

Sur $G \times P^{d-1}$ est définie une chaîne de Markov qui à $(g, \bar{x})$ associe $(g', \overline{gx})$ suivant la probabilité $dp(g')$.

On vérifie immédiatement que les mesures invariantes pour cette chaîne sont de la forme $p \times \nu$ où ν vérifie $p * \nu = \nu$.

Si l'on désigne par X_o, X_1, , X_n les positions de la chaîne de Markov partant de $(e, \bar{x})$ on a

$$\bar{x}_k = (g_k, \ g_{k-1} \cdots g_1 \ \bar{x})$$

et

$$\log \|g_n \quad g_1 \ x \| = \sum_{k=0}^{k=n} f(X_k)$$

avec

$$f(g,x) = \operatorname{Log} \frac{\|g\ x\|}{\| x \|}$$

La condition $\int \text{Log} \|g\| \, dp(g) < +\infty$ assure l'intégrabilité de $f(g,x)$ par rapport à $p \times \nu$ et le théorème ergodique fournit que $p^N \times \nu$ -presque partout on a

$$\lim_n \frac{1}{n} \text{Log} \| g_n \dots g_1 x \| = \iint \text{Log} \frac{\|gx\|}{\|x\|} \, dp(g) \, d\nu(x)$$

si l'on a choisi pour ν une mesure p-invariante ergodique.

On note maintenant que l'ensemble des $x \in \mathbb{R}^d$ tels que

$$\text{(pp)} \quad \overline{\lim_n} \frac{1}{n} \text{Log} \|g_n \dots g_1 x\| \leq \gamma$$

est, pour tout γ donné, un sous-espace G invariant. L'irréductibilité de G permet de conclure que la limite supérieure précédente est, pour tout x, presque partout égale à

$$\alpha = \iint \text{Log} \frac{\|gx\|}{\|x\|} \, dp(g) \, d\nu(x)$$

Cette dernière quantité est donc indépendante de ν. On en conclut que l'intégrale $\iint f(g,x) \, dp(g) \, d\nu(x)$ est indépendante de la mesure invariante $p \times \nu$ choisie et une amélioration du théorème ergodique fournit que la limite de $\frac{1}{n} \sum_{k=0}^{k=n} f(X_k)$ existe pour tout $X_0 = (e, \overline{x})$

Une conséquence de ce théorème est que si G est non-moyennable et si son action sur les bivecteurs $x \wedge y$ est irréductible, la limite de la suite

$$\frac{1}{n} \text{Log} \frac{\|g_n \quad g_1 x \wedge g_n \quad g_1 y\|}{\|g_n \quad g_1 x\| \, \|g_n \quad g_1 y\|}$$

existe (p.p.) pour tous x,y et est négative ou nulle.

On peut montrer que, si p a une densité, cette limite est négative, ce qui signifie que l'angle de $g_n \cdots g_1 x$ et $g_n \cdots g_1 y$ décroit exponentiellement vers zéro.

On est amené, plus généralement, à étudier des fonctions $\sigma(g,b)$ où b appartient à un espace compact B, vérifiant la relation de cocycle

$$\sigma(g\, g', b) = \sigma(g, g'b) + \sigma(g', b)$$

Les fonctions

$$\text{Log}\ \frac{\|g\, x\|}{\|x\|} = \sigma_1(g, \bar{x}) \quad \text{et} \quad \text{Log}\ \frac{\|gx \wedge gy\|}{\|x \wedge y\|} = \sigma_2(g, \overline{x \wedge y})$$

sont de ce type, l'espace B étant l'espace projectif associé à $\mathbb{R}^d$ ou $\Lambda^2\, \mathbb{R}^d$.

Ces deux espaces sont des quotients naturels de l'espace des drapeaux de $\mathbb{R}^d$. Rappelons qu'un drapeau de $\mathbb{R}^d$ est une suite croissante de d sous-espaces emboités distincts ; à chaque base orthonormée de $\mathbb{R}^d$ est donc associé un drapeau et comme le groupe orthogonal opère transitivement sur les bases orthonormées, il opère de même sur les drapeaux. Le stabilisateur du drapeau associé à la base canonique n'est autre que le groupe de matrices triangulaires supérieures, groupe q que l'on peut écrire sous la forme T = MAN où N est le groupe des matrices strictement triangulaires supérieures, A le groupe des matrices diagonales positives et M celui des matrices diagonales à éléments ± 1. On peut écrire l'espace B des drapeaux de $\mathbb{R}^d$ sous la forme $B = {}^{Sl(d,\mathbb{R})}/_{MAN}$

On trouvera une étude approfondie des cocycles correspondants en [10] et [26]. Sous l'hypothèse que la mesure p possède une densité dans $Sl(d, \mathbb{R})$, il est possible de comparer strictement les limites obtenues. Il serait intéressant de pouvoir faire cette comparaison lorsque p ne possède pas de partie absolument continue par rapport à la mesure de Haar de $Sl(d,\mathbb{R})$. Le paragraphe suivant peut être considéré comme une forme faible de cette comparaison.

C - Application du théorème de convergence des martingales aux produits de matrices

Soit V un espace vectoriel de dimension d sur $\mathbb{R}$ et G un sous-groupe de $Sl(V)$. On étudie dans ce paragraphe l'action de G sur l'espace projectif $P(V)$. En particulier, pour des lois de probabilités μ sur G et α sur $P(V)$ on s'intéresse à la convergence de la suite de mesures $x_1(\omega)\, x_2(\omega) \ldots x_n(\omega)\alpha$ où ω est un point de l'espace produit G^N muni de la probabilité produit μ^N et les x_i sont les fonctions coordonnées.

Donnons, pour abréger les énoncés, les définitions.

Définition 1

On dira qu'un sous-groupe G du groupe linéaire d'un espace vectoriel V est fortement irréductible si ses sous-groupes d'indice fini sont irréductibles.

Définition 2

On dira qu'une mesure α sur l'espace projectif $P(V)$ est irréductible si elle ne charge par de sous-variété projective. On dira dans la suite qu'une propriété, pour un point d'un espace projectif, est vraie en général si elle est vraie pour tous les points x n'appartenant pas à une réunion finie de sous-espaces projectifs.

Définition 3

On dira qu'une suite g_n de $Sl(V)$ est k-contractante ($1 \leq k \leq d$) si les suites d'applications projectives associées à g_n dans les espaces projectifs $P(\Lambda^i V)$ ($1 \leq i \leq k$) convergent, en général, vers un point.

Théorème :

Soit G un groupe localement compact, μ une probabilité sur G dont le support engendre G et telle que le semi-groupe fermé engendré par le support de μ contienne une suite d-contractante. Soit ρ une représentation de G dans un espace vectoriel V telle que $\rho(G)$ soit fortement irréductible. Alors il existe une unique mesure μ-invariante sur l'espace projectif $P(V)$ et cette mesure est irréductible. De plus, pour toute mesure irréductible β sur $P(V)$, la suite $x_1 \dots x_n \beta$ converge p.p. vers une mesure de Dirac $\delta_{Z(\omega)}$.

La démonstration de ce théorème découle de plusieurs lemmes.

Lemme 1

Soit G le sous-groupe fermé engendré par le support d'une probabilité μ sur $Sl(V)$. Si G est fortement irréductible toute mesure α, sur $P(V)$ μ-invariante est irréductible.

Preuve

Considérons l'ensemble des sous-variétés projectives W telles que $\alpha(W) > 0$ et de dimension minimum. Si W_1 et W_2 sont deux telles sous-variétés on a $\alpha(W_1 \cap W_2) = 0$ puisque $\dim W_1 \cap W_2$ est inférieur à $\dim W_1$ et $\dim W_2$. Il en résulte que, pour tout $\delta > 0$, l'ensemble des sous-variétés W du type précédent vérifiant de plus $\alpha(W) > \delta$ est fini et donc, il existe un W_0 maximisant $\alpha(W)$. Alors l'équation de convolution

$$\alpha(W_0) = \int (g\alpha)(W_0)\, d\mu(g)$$

montre que $g\alpha(W_0) = \alpha(W_0)$ pour presque tout g. On en déduit que $\alpha(g^{-1} W_0) = W_0$ et donc l'ensemble des $g^{-1} W_0$ est fini. En remplaçant au besoin μ par $\sum_{n\geq 1} 1/2\, \mu^n$ on peut supposer le support de μ est un semi-groupe S et alors l'ensemble fini des $g^{-1}W_0$ est appliqué dans lui-même par S donc par G. Il en découle que chacune de ces sous-variétés est invariante par un sous-groupe d'indice fini de G, ce qui contredit l'hypothèse d'irréductibilité forte de $\rho(G)$.

Lemme 2

Soit g_n une suite d'applications projectives et α une probabilité irréductible sur P(V) telle que $g_n\alpha$ converge vers une mesure de Dirac δ_a. Alors pour toute probabilité irréductible β, $g_n\beta$ converge vers δ_a.

Preuve

Considérons une sous-suite $g_{n_k}\beta$ extraite de $g_n\beta$ et convergeant vers β'. On peut supposer que g_{n_k} converge vers u quasi-projective en dehors d'une sous-variété projective. On a alors

$$u\beta = \beta' \qquad u\alpha = \delta_a$$

L'image de u est donc réduite au point a et $\beta' = \delta_a$. On en déduit que $g_n\beta$ converge vers δ_a.

On sait que si K est le groupe orthogonal d'un produit scalaire sur V, si A désigne le groupe des matrices diagonales positives correspondant à une base orthonormée fixée, tout endomorphisme u de V se décompose sous la forme

$$u = k\,a\,k' \qquad k,k' \in K \qquad a \in A$$

Cette décomposition est unique l'on astreint les coefficients λ_i de a à l'inégalité $\lambda_1 \geq \lambda_2 \geq \dots \geq \lambda_d$. Cette décomposition sera appelée décomposition polaire. On vérifie alors aisément le lemme suivant.

Lemme 3

Soit g_n une suite de Sl(V) et a_n la partie diagonale de la décomposition polaire de g_n, m une probabilité irréductible sur P(V).

Alors les conditions suivantes sont équivalentes :

- la suite g_n est 1-contractante
- la suite $g_n m$ converge vaguement vers une mesure de Dirac.
- les éléments diagonaux λ_i^n de a_n $(1 < i \leq d)$ vérifient

$\lambda_i^n = o(\lambda_1^n)$ quand n tend vers l'infini.

Définition 4

On dira qu'une suite g_n de Sl(V) est contractante s'il existe une base $(e_1, \ldots, e_d)$ de V telle que, en général, $g_n v$ $(v \in V)$ s'écrive sous la forme

$$g_n v = \sum_{1 \leq j \leq d} \lambda_j e_j$$

où $\forall j \leq d-1 \quad \lambda_{j+1}^n = o(\lambda_j^n)$

On montre alors le lemme

Lemme 4

Soit g_n une suite d'éléments de Sl(V). Alors les conditions suivantes sont équivalentes :

- la suite g_n est d-contractante
- les suites définies par g_n dans les puissances extérieures de V sont contractantes
- les coefficients λ_i^n de la partie diagonale de la décomposition polaire de g_n vérifient $\lambda_{i+1}^n = o(\lambda_i^n)$ $(1 \leq i \leq d-1)$

Exemple

Prenons $V = \mathbb{R}^3$ et $g_n = \begin{pmatrix} 1 & n & n^2 \\ & 1 & n \\ 0 & & 1 \end{pmatrix}$

Alors g_n est 1-contractante mais n'est pas 2-contractante. Elle est cependant contractante si bien que g_n contractante n'implique pas g_n d-contractante.

Comme le montre le lemme 3, la condition d-contractante est pratiquement facile à vérifier. L'existence de telles suites dans un groupe G est à rapprocher de la notion de proximalité forte de P(V) étudiée en [14].

Lemme 5

Soit g_n une suite contractante et u un endomorphisme linéaire de V. Alors, en général, la suite des images dans P(V) des vecteurs $ug_n x$ converge vers un point indépendant de x.

Preuve

On écrit

$$g_n x = \lambda_1^n e_1 + \cdots + \lambda_d^n e_d \quad \text{où}$$

$$\lambda_{i+1}^n = o(\lambda_i^n) \qquad 1 \leq i \leq d-1$$

et l'on désigne par e_r le premier des e_i tel que $ue_i \neq 0$. Alors $ug_n x = \lambda_r^n ue_r + \ldots + \lambda_d^n ue_d$ si bien que, puisque $ue_r \neq 0$, la suite des images de $ug_n x$ converge vers l'image de ue_r dans P(V).

Lemme 6

Soit μ une mesure de probabilité sur Sl(V), α une mesure irréductible sur P(V) qui est μ-invariante. Alors si le semi-groupe fermé engendré par le support de μ contient une suite d-contractante la suite de mesures $x_1(\omega) \ldots x_n(\omega)\alpha$ converge (p.p.) vers une mesure de Dirac.

Preuve

On peut supposer que (μ^N - p.p.) la suite $x_n(\omega)$ est dense dans le support de μ ; de même, on peut supposer aussi que, pour tout p, la suite $x_n(\omega)\, x_{n+p}(\omega)$ est dense dans le support de μ^p. Soit alors γ

dans le support de μ tel que

$$\gamma = \lim_{k\to\infty} x_{n_k}(\omega)$$

En extrayant une sous-suite de $x_{n_k}(\omega)$ on peut aussi supposer que $x_1(\omega)\, x_{n_{k-1}}(\omega)$ converge vers une application quasi-projective τ_γ. Considérons alors la suite de mesure $x_1 \ x_n\, \alpha$. C'est une martingale à valeurs dans un compact métrique : elle converge p.p. et puisque α et $\gamma\alpha$ ne chargent pas de sous-variété projective on a $\theta = \lim_k x_1 \ x_{n_k-1}\, \alpha = \lim_k x_1 \ x_{n_k}\, \alpha = \tau_\gamma \alpha = \tau_\gamma \gamma\alpha$.

La même relation reste vraie, d'après le même raisonnement pour γ appartenant à la réunion des supports des μ^p et donc, par un nouveau passage à la fermeture, pour γ appartenant au semi-groupe fermé engendré par le support de μ. Puisque α est irréductible, le rang de τ_γ est la dimension de la sous-variété projective engendrée par le support de θ et l'on peut donc écrire :

$\tau_\gamma = g_\gamma \tau k_\gamma$ où g_γ est une application projective, τ une application quasi-projective fixée et k_γ une application projective correspondant à un élément du groupe orthogonal de V. On en déduit : $\tau k_\gamma \alpha = \tau k_\gamma \gamma\alpha$

Soit maintenant γ_n une suite d-contractante et supposons, ce qui est possible, que $\lim k_{\gamma_n} = k$. Alors $k_{\gamma_n}\gamma$ est encore d-contractante d'après le lemme 4. Elle est aussi contractante d'après le lemme et le lemme 5 montre que, en général, $\tau k_\gamma \ \gamma\alpha$ converge vers une application quasi-projective d'image réduite à un point x. Puisque α est irréductible, on a donc $\tau k\alpha = \lim_n \tau\, k_{\gamma_n}\gamma_n \alpha = \delta_x$

Ceci prouve que l'image de τ est réduite au point x et donc que $\theta = \lim x_1(\omega)\, x_{n_k}(\omega)\alpha$ est une mesure de Dirac.

Preuve du Théorème

On peut maintenant démontrer le théorème : Si α est μ-invariante, elle est irréductible d'après le lemme 1 et on a d'après le lemme 6, μ^N- p.p.

$$\lim_n x_1 \quad x_n \alpha = \delta_{Z(\omega)}$$

La loi de $Z(\omega)$ est α à cause de la relation $\int \delta_Z(\omega)\, d\mu^N(\omega) = \lim_n \mu^n * \alpha = \alpha$. Si α' est aussi μ-invariante elle est irréductible et donc, d'après le lemme 2, on a μ^N p.p. :

$$\lim_n x_1 \quad x_n \quad \alpha' = \delta_{Z(\omega)}$$

Comme la loi de $Z(\omega)$ est α' on en déduit $\alpha' = \alpha$, d'où l'unicité de la mesure invariante sur $P(V)$. La deuxième assertion découle aussi du raisonnement précédent.

L'étude précédente est basée sur un travail de H. Fürstenberg [11] qui utilise plutôt le langage de la proximalité emprunté à la dynamique topologique.

On peut remarquer que la preuve précédente reste valable si le sous-groupe engendré par le support de μ est **fortement** irréductible et si pour une mesure irréductible m sur $P(V)$ la suite de mesure $x_1 \quad x_n m$ converge vers une mesure de Dirac. Cette forme du théorème sera utilisée au chapitre III.

II - FONCTIONS μ-HARMONIQUES BORNEES

A - Notion de μ-frontière

Fonctions harmoniques :

Soit μ une mesure de probabilité sur le groupe G et f une fonction borélienne. On dit que f est μ-harmoniques (à droite) si elle vérifie l'équation de convolution

$$f * \check{\mu}(g) = \int f(gh)\, d\mu(h) = f(g)$$

Si l'on considère l'espace G^N munie de la probabilité produit μ^N, les fonctions coordonnées $x_n(\omega)$ et le produit $S_n(\omega) = x_1(\omega) \,.\, x_n(\omega)$ la suite de fonctions $f(S_n)$ est une martingale si f est μ-harmonique :

$$E\left[f(S_{n+1})/x_1,\dots,x_n\right] = \int f(x_1\dots x_n, x_{n+1})\, d\mu(x_{n+1})$$

$$= f(x_1\dots x_n) = f(S_n)$$

une autre notion naturelle associée à celle de fonction harmonique est celle de fonction invariante : notant θ la translation sur G^N, on dit que $F(g,\omega)$ est invariante si

$$\mu^N \text{ p.s.} \quad F(g\, x_1 \,,\, \theta\omega) = F(g,\omega)$$

Cette notion correspond à la notion de fonction invariante pour la chaine de Markov d'espace des états G et de probabilité de transition

$$Q(g,.) = \delta g * \mu$$

La donnée de f permet de construire F' par :

$$F'(g,\omega) = \lim_n f(g\, S_n)$$

Cette limite existant dès que f est bornée d'après le théorème des martingales. De plus, d'après ce même théorème :

$$f(g) = \int F'(g,\omega)\, d\mu^N(\omega)$$

formule qui permet de construire une fonction harmonique à partir d'une fonction invariante.

Le langage des μ-frontières permet de schématiser ces considérations

<u>μ-frontières</u>

<u>Définition</u> :

On dit qu'un G-espace localement compact E, muni d'une mesure de probabilité ν est une μ-frontière si ν est μ-invariante ($\mu * \nu = \nu$) et si p^N p.s. la suite de mesure de Radon $x_1 \ x_n\, \nu$ converge vaguement vers une mesure de Dirac $\delta_{Z(\omega)}$.

La donnée d'une μ-frontière permet de construire des fonctions μ-harmoniques bornées par la formule dite de Poisson :

$$f(g) = g\nu(\phi)$$

où ϕ est une fonction borélienne bornée, car alors :

$$\int f(gh)\, d\mu(h) = \int gh\nu(\phi)\, d\mu(h) = g(\mu * \nu)(\phi) = g\nu(\phi)$$

De plus, si ϕ est continue, elle est déterminée sur le support de ν par la formule :

$$\phi[gZ(\omega)] = \lim g\ S_n\nu(\phi) = \lim f(g\, S_n)$$

De plus, f est non constante dès que (B,ν) n'est pas triviale c'est-à-dire réduite à un point. Inversement, on a la

Proposition :

Soit f une fonction μ-harmonique bornée uniformémment continue à gauche. Alors, il existe une μ-frontière (B,ν) avec B compact, métrisable, telle que f admette une représentation de Poisson

$$f(g) = g\nu(\phi)$$

où ϕ est continue.

Preuve

Soit B l'adhérence, pour la topologie de la convergence uniforme sur les compacts, de l'ensemble des translatées à droite de f, ensemble qui est compact d'après la propriété d'uniforme continuité de f et métrisable d'après la séparabilité de G. De plus G opère à gauche sur B par la formule

$$(g\,.\,u)(h) = u(hg)$$

Posons $f_\omega = \lim_n S_n.f$, ce qui est possible d'après le théorème des martingales et notons que la fonction

$$F\,(g,\omega) = g\,.\,f_\omega$$

est invariante par définition.

Ceci implique que la loi ν de f_ω est μ-invariante.

Désignons par ϕ la fonction continue sur B définie par : $\phi(u) = u(e)$ et observons que la formule

$$f(g) = \int F(g,\omega)\, d\mu^N(\omega)$$

s'écrit ici :

$$f(g) = \int \phi\,(g \circ f_\omega)\, d\mu^N(\omega)$$

$$f(g) = g\nu(\phi)$$

ce qui est bien la formule de Poisson annoncée.

Enfin, écrivons l'invariance de F :

$$x_1 \quad x_n\, f_{\theta^n\omega} = f_\omega$$

Soit ψ une fonction continue sur B et écrivons l'égalité d'espérances conditionnelles :

$$E(x_1 \quad x_n\, f_{\theta^n(\omega)}(\psi) \mid x_1,\dots,x_n) = E(f_\omega(\psi) \mid x_1\dots x_n)$$

Soit $x_1\dots x_n\, \nu\,(\psi) = E(f_\omega(\psi) \mid x_1,\dots,x_n)$.

Comme le second membre est une martingale de limite $f_\omega(\psi)$, on a :

$$\mu^N \text{ p.s.} \quad \lim x_1\dots x_n\, \nu(\psi) = f_\omega(\psi)$$

et puisque B est séparable :

$$\lim x_1\dots x_n\, \nu = \delta_{f_\omega}$$

Trivialité de μ-frontières

La borne inférieure de deux mesures α et β sera notée $\alpha \wedge \beta$

Introduisons une notions permettant de montrer la trivialité des μ-frontières dans de nombreux cas.

Définition :

On dira que deux points x et y de G satisfont la condition (A) si, pour tout voisinage V de e , il existe une probabilité ε portée par V telle que : μ^N p.s.

$$\mu^N \text{ p.s. } \overline{\lim}\, \|x * \varepsilon * S_n * \mu \wedge y * \varepsilon * S_n * \mu\| > 0$$

On a alors le

Théorème :

Soit x et y deux points de G et vérifiant la condition A . Alors pour toute μ-frontière (B,ν) on a

$$x\nu = y\nu$$

Preuve

Posons $\alpha_n = x * \varepsilon * S_n * \mu \wedge y * \varepsilon * S_n * \mu$

et écrivons

$$x * \varepsilon * S_n * \nu = x * \varepsilon * S_n * \mu * \nu \geq \alpha_n * \nu$$

$$y * \varepsilon * S_n * \nu \geq \alpha_n * \nu$$

$$\overline{\lim_n} \, ||x * \varepsilon * S_n * \nu \wedge y * \varepsilon * S_n * \nu|| > 0$$

d'où, par passage à la limite

$$\mu^N \text{ p.s.} \qquad x * \varepsilon * Z(\omega) \wedge y * \varepsilon * Z(\omega) > 0$$

Comme ε est portée par un voisinage arbitrairement petit de e, on en déduit $xZ(\omega) = yZ(\omega)$. En particulier : $x\nu = y\nu$

Ce théorème s'applique en particulier au cas abélien puisque alors

$$||x * \varepsilon * S_n * \mu \wedge y * \varepsilon * S_n * \mu|| = ||y^{-1}x * \varepsilon * \mu \wedge \varepsilon * \mu||$$

quantité qui est positive, si ε est absolument continue par rapport à la mesure de Haar et si $y^{-1}x$ appartient au support de $\check{\mu} * \mu$. On obtient alors un résultat dû à Choquet et Deny : les fonctions μ-harmoniques bornées sur un groupe abélien sont constantes sur les classes du sous-groupe engendré par le support de μ. On verra plus loin d'autres exemples d'application mais notons que la condition A est vérifiée pour une mesure μ arbitraire dans certains groupes dont l'exemple type est celui des matrices strictement triangulaires d'ordre 3 , que l'on notera N . Ce groupe possède un centre C à une dimension et le quotient N/C est abélien. Soit alors $c \in C$ et $\mu = \int_{N/C} \mu_{\bar{x}} \, d\bar{\mu}(\bar{x})$ une décomposition de μ suivant les classes de C.

Si ε est une probabilité sur C concentrée au voisinage de e , on peut supposer, en remplaçant μ par une itérée que

$\varepsilon * \mu_{\bar{x}} \wedge c * \varepsilon * \mu_{\bar{x}} > 0$ sur un ensemble $\bar{\mu}$-non négligeable. Ceci implique, puisque c et ε commutent avec S_n

μ^N p.s. $\varepsilon * S_n * \mu \wedge c * \varepsilon * S_n * \mu > 0$

c'est-à-dire que e et c vérifient la condition A . Donc on a

$$\forall c \in C \qquad c\nu = \nu$$

La considération du groupe abélien N/C fournit alors la trivialité de la frontière (B, ν)

Exemples de μ-frontières

On a déjà rencontré à la fin du chapitre I certaines μ-frontières :

Si G est un groupe linéaire $[G \subset S\ell(d, \mathbb{R})]$ et si (G, μ) vérifie certaines conditions d'irréductibilité l'espace projectif $P(\mathbb{R}^d)$ porte une mesure μ-invariante ν qui en fait une μ-frontière non triviale. Il y a de plus unicité de la mesure μ-invariante, phénomène que l'on va rencontrer dans d'autres situations

Proposition :

Supposons que G soit le produit semi-direct de deux sous-groupes fermés B et A où B est distingué et notons a(b) l'image de b B par l'automorphisme associé à a . Soit d une distance invariante à gauche sur B et supposons que

$$\bar{\mu}^N \text{ p.s. } \lim d[e,\bar{g}_1\ldots\bar{g}_n(b)]^{1/n} < 1 \quad \text{pour } d(e,b) \leq \text{cte}$$

où μ est une mesure de probabilité à support compact sur G d'image $\bar{\mu}$ sur A . Alors l'espace homogène G/A possède une unique mesure de probabilité μ-invariante ν et est une μ-frontière de (G,μ).

Preuve

Ecrivons $g = b\,.\,a$ $(b \in B, a \in A)$ et calculons $g_1\ldots g_n$:

$$g_1\ldots g_n = b_1 \circ a_1(b_2) \circ\ldots\circ a_1\ldots a_{n-1}(b_n) \circ (a_1\ldots a_n)$$

On a donc, pour un point b de G/A :

$$g_1\ldots g_n(b) = b_1 \circ a_n(b_2) \circ\ldots\circ a_1\ldots a_{n-1}(b_n) \circ a_1\ldots a_n(b)$$

Notons que, puisque d est invariante à gauche : $d(e,gg') \leq d(e,g) + d(e,g')$. Les hypothèses faites montrent alors que le critère de Cauchy est satisfait pour la suite $g_1\ldots g_n(b)$ qui converge donc p.s. vers une variable aléatoire $Z(\omega)$ indépendante de b. Sa loi ν est évidemment μ-invariante.

Pour une mesure de probabilité arbitraire α sur G/A on a, d'après le théorème de Lebesgue :

$$\mu^N \text{ p.s. : } \lim\ g_1\ldots g_n\alpha = \delta_{Z(\omega)}$$

Ceci prouve l'unicité de la mesure μ-invariante sur G/A et le fait que (G/A , ν) est une μ-frontière.

<u>Remarque</u> : Supposons que B soit un groupe de Lie connexe et notons encore a(b) l'action de $a \in A$ sur l'élément b de l'algèbre de Lie $\mathcal{B}$ de B . La condition $\overline{\lim}\, d[e, g_1 \dots g_n(b)]^{1/n} < 1$ s'écrit alors à l'aide d'une norme sur $\mathcal{B}$ et d'une base b_k de $\mathcal{B}$ sous la forme :

$$\overline{\lim_n}\, ||g_1 \dots g_n(b_k)||^{1/n} < 1$$

Le lemme élémentaire suivant permet de vérifier cette condition dans les exemples.

<u>Lemme</u> :

Soient A_n une suite de matrices triangulaire de termes diagonaux a_n^i $(1 \leq i \leq d)$ et supposons que

$\overline{\lim_n}\, |a_1^i\, a_2^i \dots a_n^i|^{1/n} = b_i < 1$ et $\overline{\lim_n}\, ||A_n||^{1/n} \leq 1$

Alors on a

$$\overline{\lim_n}\, ||A_1 \dots A_n||^{1/n} = \sup_{1 \leq i \leq d} b_i < 1$$

Soit T le groupe des matrices triangulaires inférieures (d,d) , D le sous-groupe des matrices diagonales, N le sous-groupe des matrices unipotentes. Tout élément g de T se décompose sous la forme $g = n \cdot d$ avec $n \in N$, $d \in D$. Soit μ une mesure de probabilité à support compact sur T et notons d_i les éléments diagonaux de d , E_{ij} $(i > j)$ la matrice dont le seul terme non nul est d'indice (i,j) et vaut 1 . Notons que $dE_{ij}\, d^{-1} = {}^{d_{ii}}/_{d_{jj}}\; E_{ij}$ et désignons par S l'ensemble des couples (i,j) (i > j) avec

$$\int_D \operatorname{Log} {}^{d_{ii}}/_{d_{jj}}\; d\bar{\mu}(d) < 0$$

Le groupe N s'identifie par l'exponentielle à l'algèbre de Lie des matrices $\sum_{i>j} \alpha_{ij} E_{ij}$ et l'on confond les actions de T sur le groupe et l'algèbre. On désignera par N^-(resp N^+) le sous-groupe connexe de N des b vérifiant μ^N p.s $\overline{\lim} \| d_1 \ldots d_n(b) \|^{1/n} < 1$ $\overline{\lim} \| d_1 \ldots d_n(b) \|^{1/n} \geq 1$) . La loi des grands nombres montre que N^- est l'ensemble des matrices de la forme $\sum_{(i,j)\in S} \alpha_{ij} E_{ij}$ tandis que N^+ est l'ensemble des matrices de la forme $\sum_{(i,j)\notin S} \alpha_{ij} E_{ij}$. Ces deux sous-groupes sont stables par l'action de D , si bien que N^+D est un sous-groupe de T . De plus, l'action de T sur N se fait par des matrices triangulaires de termes diagonaux $^{d_{ii}}/_{d_{jj}}$ (i>j) et le lemme précédent implique que pour $b \in N^-$ on a : μ^N p.s. $\lim_n \| g_1 \ldots g_n(b) \|^{1/n} < 1$. En général N^- n'est pas un sous-groupe distingué de T si bien que la proposition ne s'applique pas directement. On peut cependant prouver que l'espace homogène $N^- = {}^G/_{DN^+}$ est une μ-frontière. Examinons les dimensions 2 et 3.

En dimension 2, supposons

$$\int_D \log {}^{d_{22}}/_{d_{11}} \, d\bar{\mu}(d) < 0$$

Alors $N^- = N$, la proposition s'applique et la μ-frontière obtenue n'est autre que la droite affine.

En dimension 3, les cas où N^- n'est pas réduit à zéro sont au nombre de 5 et définis par

- cas I $S = |(2,1),(3,2),(3,1)|$
- cas II $S = |(2,1),(3,1)|$
- cas II' $S = |(3,2),(3,1)|$
- cas III $S = (2,1)$
- cas III' $S = (3,2)$

Dans le cas I $N^- = N$ est une μ-frontière.

Dans le cas II , N^- s'identifie à l'ensemble des combinaisons de E_{21} , E_{31} et forme un sous-groupe distingué. L'espace homogène N^- s'identifie au plan affine et T au sous-groupe du groupe affine laissant une direction de droite invariante.

Dans le cas III , N^- n'est pas distingué mais N^+ l'est si bien que T/N^+ s'identifie au produit semi-direct $N^- . D$, l'action de d sur N^- étant la multiplication par $^{d_{22}}/_{d_{11}}$. La proposition précédente s'applique donc encore à ce cas et fournit la droite affine comme μ-frontière.

B - Périodes des fonctions harmoniques

On considère ici une probabilité p sur le groupe G et l'équation de convolution

$$p * f(x) = \int f(y^{-1}x)\ dp(y) = f(x)$$

où f est borélienne bornée.

La marche aléatoire de loi p sera définie par $S_n(\omega) = x_n(\omega) \quad x_1(\omega)$. On supposera que p vérifie la condition (E) : pour deux éléments x et y arbitraires de G , il existe un entier n tel que $||p^n * \varepsilon_x \wedge p^n * \varepsilon_y|| > 0$.

Cette condition est réalisée en particulier lorsque p admet une densité par rapport à la mesure de Haar et que le semi-groupe engendré par le support de p est égal à G .

On considérera aussi l'action de p, par convolution sur des espaces homogènes de G. Enonçons et montrons directement un critère de périodicité des fonctions harmoniques analogue à celui étudié en A)

Théorème :

Soit E un espace homogène du groupe G, x et y deux points de E tels que pour la marche aléatoire $S_n(\omega)$ de loi p sur G on ait (p.s) $\overline{\lim} \|p * S_n x \wedge p * S_n y\| > 0$. Alors si f est une fonction harmonique bornée on a $f(x) = f(y)$.

Preuve

On démontre d'abord l'inégalité

$$|f(a) - f(b)| \, \|p * a \wedge p * b\| \leq (p * f^2 - f^2)(a) + (p * f^2 - f^2)(b)$$

où a et b sont deux points de E. On note pour abréger
$\mu_{ab} = \|p * a \wedge p * b\|$

On écrit l'inégalité triangulaire

$$|f(a) - f(b)| \, \|\mu_{ab}\| \leq \int |f(a) - f(\zeta)| \, d\mu_{ab}(\zeta) + \int |f(\zeta) - f(b)| \, d\mu_{ab}(\zeta)$$

$$|f(a) - f(b)| \, \|\mu_{ab}\| \leq \int |f(a) - f(ga)| \, dp(g) + \int |f(b) - f(gb)| \, dp(g)$$

$$|f(a) - f(b)| \, \|\mu_{ab}\| \leq \int |f(a) - f(ga)|^2 \, dp(g) + \int |f(b) - f(gb)|^2 \, dp(g)$$

$$|f(a) - f(b)| \, \|\mu_{ab}\| < (p * f^2 - f^2)(a) + (p * f^2 - f^2)(b)$$

puisque f est harmonique

Prenons maintenant $a = S_n x$, $b = S_n y$ et notons que le second membre a une limite nulle. Par exemple, $(p * f^2 - f^2)(S_n x)$ est positif d'après l'inégalité de Schwarz et son intégrale vaut

$\int (p * f^2 - f^2)(S_n x)\, dp^N(\omega) = p^{n+1} * f^2 - p^n * f^2$. La relation $p * f^2 \geq f^2$ implique que $p^n * f^2$ est une suite croissante et, étant bornée, elle converge. Donc

$$\lim_n |p^{n+1} * f^2 - p^n * f^2| = 0$$

Comme $p * f^2$ et f^2 sont sous harmoniques $p * f^2(S_n x)$ et $f^2(S_n x)$ sont des sous-martingales bornées : elles convergent et d'après la remarques précédente on a $\lim_n (p * f^2)(S_n x) - f^2(S_n x) = 0$

On en déduit que si $\lim_n |f(S_n x) - f(S_n y)| \neq 0$ on a : $\lim_n ||p * S_n x \wedge p * S_n y|| = 0$. L'hypothèse du théorème implique que p.s. $\lim_n f(S_n x) = \lim_n f(S_n y)$ donc $f(x) = f(y)$ puisque $f(x) = \int f(S_n x)\, dP(\omega)$, $f(y) = \int f(S_n y)\, dP(\omega)$

<u>Corollaire 1</u> Soit G un groupe localement compact et c un élément de G tel que, p.s. $S_n(\omega)\, c\, S_n^{-1}(\omega)$ appartienne une infinité de fois à un compact. Alors toute fonction harmonique bornée f vérifie $f(c) = f(e)$.

<u>Preuve</u>

Soit K le compact de l'énoncé : on peut supposer puisque p satisfait (E) que $\forall k \in K$ $||p * \varepsilon_k \wedge p|| \geq \varepsilon > 0$. Donc, p.s. pour une infinité d'entiers

$||p * S_n c \wedge p * S_n|| = ||p * S_n c S_n^{-1} \wedge p|| \geq \varepsilon$ et par suite $f(c) = f(e)$.

Ce corollaire s'applique à la situation suivante. Le groupe G possède un sous-groupe distingué abélien H qui s'identifie à un espace vectoriel réel et l'action de G sur H par automorphismes intérieurs est donc une représentation linéaire de G . Si p.s. $\underline{\lim} \, ||S_n(\omega)|| < +\infty$, les fonctions harmoniques bornées f vérifieront $f(gh) = f(g)$ $\forall g \in G$. Si G possède une suite de sous-groupes $\{e\} = H_0 \subset H_1 \subset \ldots \subset H_{n+1} = G$ telle que la condition précédente soit vérifiée pour H_{i+1} et G/H_i $(0 \leq i \leq n)$, on en déduit que les fonctions harmoniques bornées sont constantes. Les groupes de déplacements et, plus généralement, les groupes de Lie connexes de type R font partie de cette classe.

Si G est le groupe des matrices triangulaires considéré au début de ce chapitre, et, si N^- est distingué, le groupe $G/_{N^-}$ vérifie aussi la condition précédente et les fonctions harmoniques bornées sur $G/_{N^-}$ sont donc les constantes. En dimension 2 et 3, le seul cas où N^- n'est pas distingué est celui noté III. En ce cas N^+ est distingué et, les fonctions harmoniques sur G s'identifient à des fonctions sur $G/_{N^+}$. Ce groupe possède comme sous-groupe distingué $N^-/_{N^+}$ et les fonctions harmoniques sur l'espace homogène $G/_{N^-}$ sont donc constantes.

<u>Corollaire 2</u> Soit E un espace homogène à gauche du groupe G , A un groupe abélien opérant à droite sur E , dont l'espace des orbites $_A\backslash^E$ est compact et dont l'action commute avec celle de G . Alors les fonctions p-harmoniques bornées sur E sont constantes.

<u>Preuve</u>

Si K et K' sont deux compacts de E on peut supposer à cause de l'hypothèse E que $\forall k \in K$, $\forall k' \in K'$

$$||p * \delta_k \wedge p * \delta_{k'}|| \geq \varepsilon > 0$$

Soit alors K compact de E tel que $K \circ A = E$ et $K' = K \circ a$ $(a \in A)$. On peut écrire, pour $k \in K$, $c \in A$:

$$\|p * \delta_{k.c} \wedge p * \delta_{k.a.c}\| = \|p * \delta_k \wedge p * \delta_{ka}\| \geq \varepsilon$$

Puisque A est abélien et que $K . A = E$ ceci donne $\forall x \in E \quad \|p * \delta_x \wedge p * \delta_{x.c}\| \geq \varepsilon$ et en particulier : $\|p * S_n * \delta_x \wedge p * S_n * \delta_{x.c}\| \geq \varepsilon$. On en déduit si f est harmonique bornée $f(x) = f(x . c)$ $\forall x \in E$. La fonction f s'identifie à une fonction harmonique $\overline{f}$ sur $A \backslash E$ qui est un espace homogène compact de G . L'équation de convolution

$$\overline{f}(x) = \int \overline{f}(gx)\, dp^n(g)$$

montre que l'ensemble E_0 des points de E où la fonction continue $\overline{f}$ atteint son maximum est G-invariant. On a donc $E_0 = G$ et $\overline{f} = cte$.

Ce corollaire s'applique en particulier à l'espace homogène $E = G/_N$ du groupe linéaire $G = S\ell(d,R)$ décomposé sous la forme d'Iwasawa $G = K . A . N$. On définit sur $G/_N$ une action à droite du groupe A des matrices diagonales par la formule.

$$\overline{g} . a = \overline{ga} \qquad (g \in G)$$

qui a bien un sens puisque pour $n \in N$: $g\, n\, a = ga(a^{-1}\, n\, a)$ avec $a^{-1}\, n\, a \in N$.

Il n'y a donc pas de fonctions harmoniques non triviales sur l'espace $G/_N$.

C - Représentation intégrale des fonctions harmoniques

On rappelle qu'une application borélienne Φ de $G \times \Omega$ dans un espace localement compact E est dite invariante, si l'on a

$$\text{p.s.} \quad \Phi(g,\omega) = \Phi[g\, x_1(\omega), \theta\omega]$$

où la mesure est le produit de la mesure de Haar de G par μ^N. On désigne par $\mathcal{H}_\mu$ l'espace des fonctions bornées invariantes.

Théorème :

Soit G un groupe et B un sous-groupe fermé tel que les fonctions harmoniques B-invariantes soient constantes (p.s.). Supposons qu'il existe une application $b(g,\omega)$ de $G \times \Omega$ dans β qui soit invariante et qui vérifie

$$\forall \beta \in B \quad b(\beta g,\omega) = \beta \,.\, b(g,\omega) \quad (\text{p.s.})$$

Si ν_g désigne la loi de $b(g, \ )$, et si $\mathcal{N}$ est la tribu des ensembles ν_g - négligeables p.s., il existe une unique isométrie B-équivariante de $\mathcal{H}_\mu$ dans $\mathcal{L}^\infty(B)/_{\mathcal{N}}$ notée $F \to \hat{F}$ telle que

$$\text{p.s.} \quad F(g,\omega) = \hat{F}[b(g,\omega)]$$

Preuve

Justifions d'abord l'unicité, ce qui permettra de déterminer $\hat{F}$ à partir de F :

Pour $\beta, \beta' \in B$ on a

$$\text{p.s.} \quad F(\beta\beta' g,\omega) = \hat{F}[\beta\beta'\, b(g,\omega)]$$

en raison de l'équivariance de $F \to \hat{F}$. Prenant $\beta' = b(g,\omega)^{-1}$, on obtient

$$\text{p.s.} \quad F[\beta b(g,\omega)^{-1} g,\omega] = \hat{F}(\beta)$$

ce qui détermine $\hat{F}(\beta)$.

Inversement, fixons β et considérons la fonction de (g,ω) :

$$U_\beta(g,\omega) = F[\beta\, b(g,\omega)^{-1} g,\omega]$$

Cette fonction est invariante comme b et F et de plus, pour $\beta' \in B$:

$$U_\beta(\beta' g,\omega) = U_\beta(g,\omega)$$

car $b(\beta' g,\omega) = \beta' \,.\, b(g,\omega)$

On a donc, par hypothèse, pour $\beta \in B$:

$$U_\beta(g,\omega) = \text{cte} \quad \text{p.s.}$$

Soit

$$F[\beta b(g,\omega)^{-1} g,\omega] = \hat{F}(\beta)$$

et prenant $\beta = b(g,\omega)$, on a bien

$$F(g,\omega) = \hat{F}[b(g,\omega)]$$

<u>Corollaire</u> : Soit (M,ν) une μ-frontière de (G,μ) , $L^\infty(M,\nu)$ l'espace $\mathcal{L}^\infty(M)$ modulo les ensembles $g\nu$-négligeables (p.s.) et $gZ(\omega)$ la fonction invariante canonique sur (M,ν) . Supposons que B soit un sous-groupe fermé de G tel que les fonctions μ-harmoniques sur ${}_B\backslash^G$ soient constantes, qu'il existe un point a de M tel que

$$(\text{p.s}) \quad g\,\nu(Ba) = 1$$

et que l'application $b \to ba$ de B dans M soit injective. Alors il existe une unique isométrie G-invariante de $\mathcal{H}_\mu$ sur $\mathbf{L}^\infty(M,\nu)$ notée $F \to \hat{F}$ et telle que

$$F(g,\omega) = \hat{F}[gZ(\omega)]$$

Preuve

Il est clair que l'application $b \to ba$ identifie les deux espaces $\mathcal{L}^\infty(B)/\mathfrak{N}$ et $\mathbf{L}^\infty(M,\nu)$ où $b(g,\omega)$ est défini par :

$$b(g,\omega) \,.\, a = gZ(\omega)$$

L'existence et l'unicité de l'isométrie B-équivariante $F \to \hat{F}$ est donc claire. Le fait que $F \to \hat{F}$ soit G-équivariante découle de la formule $F(g,\omega) = \hat{F}[gZ(\omega)]$

Exemples :

Supposons que μ vérifie l'hypothèse (E) et examinons les cas du groupe triangulaire et du groupe linéaire. Dans le premier cas, au moins en dimensions 2 et 3 G se décompose sous la forme $G = N^- D N^+$ et $N^- = {}^G/_{DN^+}$ est bien une μ-frontière telle que N^- s'y envoie injectivement avec de plus ${}_N\backslash^G$ n'admettant pas d'autres harmoniques bornées que les constantes : en ce cas, les fonctions μ-harmoniques bornées s'écrivent

$$f(g) = g\,\nu\,(\hat{f})$$

avec $\hat{f}$, fonction bornée sur $N^- = {}^G/_{DN^+}$

Dans le deuxième cas il est bien connu que, si N' est le groupe des matrices strictement triangulaires supérieures, l'ensemble $N'\,M\,A\,N$ est un ouvert dense de G.

En fait, le complémentaire de l'image de N' dans la μ-frontière compacte $F = {}^{G}/_{MAN}$ est analogue à une sous-variété projective. Ce complémentaire est donc négligeable pour chaque mesure $g\,\nu$ $(g \in G)$. Comme de plus l'application naturelle de N' dans F est injective et que $_{N'}\backslash^{G}$ n'admet pas d'autres fonctions harmoniques bornées que les constantes, le corollaire précédent s'applique et fournit une représentation des fonctions μ-harmoniques par la formule de Poisson $f(g) = g\nu(\hat{f})$

Ces méthodes permettent de donner une représentation intégrale explicite si μ satisfait l'hypothèse E et si G est un groupe de Lie connexe général [26], ce qui étend considérablement les résultats de [9] et [3]. Cependant si μ ne vérifie pas (E) les résultats connus sont très partiels. Dans cette direction on a par exemple [18].

Théorème

Soit G un groupe localement compact et nilpotent, μ une mesure de probabilité admettant un moment et dont le support engendre G. Alors les seules fonctions harmoniques bornées sont les constantes.

La méthode utilisée repose sur des considérations d'analyse harmonique et une notion de croissance analogue à celle étudiée au chapitre I

II - FRONTIERES DES SOUS-GROUPES DU GROUPE LINEAIRE

On aborde dans ce chapitre le phénomène de rigidité de certains ous-groupes Γ de $G = Sl(d, \mathbb{R})$ en reprenant la méthode de H. Fürstenberg [13], basée sur l'étude des fonctions harmoniques pour une marche léatoire sur Γ. Si G/Γ satisfait certaines conditions de "taille" t si ρ est une représentation donnée de Γ, on construit un prolon-ement canonique de ρ à $B = G/MAN$. Cette idée essentielle est déve-oppée en [13] et [24]. On donne ensuite l'application, suivant .A. Margulis [22], au théorème de superrigidité dans le cas $d \geq 3$: a représentation ρ est en fait la restriction d'une représentation de $l(d, \mathbb{R})$.

On dit que le sous-groupe discret $\Gamma \subset Sl(d, \mathbb{R})$ est un réseau i le quotient G/Γ admet une mesure invariante finie ; c'est la condi-ion de "taille" sous laquelle a été montré le théorème de superrigi-ité. En fait, l'utilisation faite ici de l'espace de Poisson B, ne permet de traiter que le cas G/Γ compact. Cet espace de Poisson B, dont le calcul est difficile, n'intervient en fait que par une propriété de moyennabilité [30], l'existence d'un noyau Γ - équivariant de B dans n'importe quel espace métrique compact X sur lequel Γ opère. Comme la frontière de Fürstenberg de G possède cette propriété [12], pour G aussi bien que pour ses sous-groupes fermés, on voit que l'étude ici faite dans le cas G/Γ compact reste valable dans le cas d'un réseau quelconque.

A) Frontières et représentations

On étudie ici divers prolongements des représentations aux frontières.

Donnons à titre d'introduction, le résultat algébrique suivant

Théorème 1: Soit ρ une représentation irréductible de $G = Sl(d, \mathbb{R})$ dans un espace vectoriel réel V.

Alors il existe une unique application continue équivariante $\bar{\rho}$ de la frontière de G, notée $B = G/_{MAN}$ dans l'espace projectif P(V) associé à V.

Preuve : Rappelons que le groupe résoluble connexe AN admet un vecteur propre unique v dans V :

$$\forall t \in A\,N \qquad \rho(t)v = \lambda(t)v$$

où λ est un caractère de A N

En fait la même relation reste vraie pour $g \in M\,A\,N$ car, comme g normalise AN, $\rho(g)v$ est aussi un vecteur propre pour AN et est donc colinéaire à v.

Alors il est clair que l'application de $G/_{MAN}$ dans P(V) définie par $g \longrightarrow \rho(g)v$ répond aux conditions voulues. L'unicité découle du fait que pour deux points a et b de P(V) il existe une suite g de G telle que $\lim_n g_n\, a = \lim_n g_n\, b = c$:

Si λ et μ sont deux applications du type voulu et x un point de B, posons $\lambda(x) = a$, $\mu(x) = b$ et supposons que $\lim_n g_n\, x = y = gx$.

Alors $c = \lambda(x) = \mu(x) = g.a = g.b$ et donc $a = b$

Rappelons que si G est un groupe localement compact et μ une mesure de probabilité sur G, il existe un G-espace mesuré (B,ν), que l'on peut réaliser comme un G-espace métrique compact, tel que les fonctions μ harmoniques bornées soit représentées par la" formule de Poisson "

$$f(g) = g\,\nu(\varphi)$$

où $\varphi \in L^{\infty}(B,\nu)$ est définie de manière unique par la donnée de f.
Cet espace mesuré dit de Poisson est défini de manière unique à isomorphisme près [13]
De plus, μ^{N}-presque partout la suite de mesures $x_1 \ldots x_n\,\nu$ converge vaguement vers une mesure de Dirac $\delta_{Z(\omega)}$. Alors si $F'(g,\omega)$ est une fonction bornée invariante pour la marche aléatoire de loi μ i.e :

$$F'[g\,x_1,\ \theta\,\omega] = F'(g,\omega)$$

elle s'exprime à l'aide de la fonction invariante fondamentale $gZ(\omega)$:

$$F'(g,\omega) = \Phi[gZ(\omega)]$$

Théorème 2 : Soit Γ un groupe localement compact et μ une mesure de probabilité sur Γ dont l'espace de Poisson est (B,ν).
Si Γ opère sur un espace métrique compact X et si α est une mesure de probabilité sur X invariante par μ, il existe un unique noyau équivariant de (B,ν) dans (X,α), noté Q, et vérifiant $\nu Q = \alpha$.
Ce noyau est défini par :

$$[\delta_{Z(\omega)}]\,Q = \lim_n x_1 \ldots x_n\,\alpha.$$

Preuve : Si φ est une fonction continue sur X, $f(g) = (g\,\alpha)(\varphi)$ est une fonction μ-harmonique bornée et il existe donc une unique fonction mesurable $\hat{\varphi}$ telle que

$$f(g) = g\,\alpha(\varphi) = g\,\nu(\bar{\varphi})$$

Alors $\varphi \longrightarrow \bar{\varphi}$ est une contraction positive de $C(X)$ dans $L^{\infty}(B,\nu)$ conservant les constantes et le noyau Q est défini par : $Q\varphi = \bar{\varphi}$

Il en découle $\nu Q(\varphi) = \nu(\bar{\varphi}) = \alpha(\varphi)$ et donc $\nu\, Q = \alpha$

Inversement si un noyau Q' équivariant vérifie $\nu\, Q' = \alpha$, il sera tel q

$$(g\nu)\ (Q'\varphi) = (g\ \alpha)\ (\varphi)$$

et donc coincidera avec Q.

La suite de mesures $x_1 \; x_n\ \alpha$ est une martingale et, puisque X est métrique compact, elle converge p.p. vers une mesure α_ω. Alors la fonction

$$F(g,\omega) = g\ \alpha_\omega$$

est invariante car :

$$F(g\ x_1,\theta\omega) = \lim_n\ (g\ x_1)\ (x_2 \; x_n\ \alpha) = g\ \alpha_\omega$$

Donc

$$g\alpha_\omega = \Phi[g\ \delta_{Z(\omega)}]$$

L'application mesurable Φ de (B,ν) dans les mesures de probabilité sur X est un noyau équivariant tel que

$$\Phi(\nu) = \int \Phi\ [\delta_{Z(\omega)}]\,d\mu^N(\omega) = \int \alpha_\omega\ d\mu^N(\omega) = \alpha$$

Il coincide donc avec Q.

Ce théorème admet l'important corollaire :

<u>Corollaire</u> : Soit Γ un groupe localement compact et ρ une représentation de Γ dans l'espace vectoriel V telle que $\rho(\Gamma)$ soit unimodulair non compact et fortement irréductible sur les puissances extérieures $\Lambda^k V$ de V. Alors si μ est une mesure de probabilité sur Γ dont le support engendre Γ et qui admet pour espace de Poisson $(B\ ,\nu)$ il exist

un entier r $1 \leq r < \dim V$ et une application mesurable équivariante de B dans la grassmannienne des r-plans de V.

Cette application est unique ν p.p.

reuve :

Précisons d'abord l'entier r : puisque $\overline{\rho(\Gamma)}$ est non compact et ue le support de $\rho(\mu)$ engendre $\overline{\rho(\Gamma)}$ la suite $\|x_1(\omega) \ldots x_n(\omega)\|$ ne peut ester bornée (p.p.) et on a :

$$(\text{p.p.}) \quad \underline{\lim}_n \quad \det \frac{x_1 \ldots x_n}{\|x_1 \ldots x_n\|} = \underline{\lim} \frac{1}{\|x_1 \ldots x_n\|} = 0$$

Il en découle que si ν' est une mesure μ-invariante irréductible ur P(V) la suite de mesures $x_1 \ldots x_n \nu'$ converge (p.p.) vers une mesure $'_\omega$ concentrée sur un sous-espace projectif propre de P(V). La dimension u sous-espace projectif $\overline{\rho}(\omega)$ engendré par le support de ν' est inva-iante donc constante : c'est l'entier r du corollaire et l'application quivariante cherchée associée à $Z(\omega) \in B$, le sous-espace $\overline{\rho}(\omega) \in \Lambda^r V$. our justifier l'unicité (ν.pp.) de cette application, il suffit de érifier, d'après le théorème, l'unicité de la mesure μ-invariante sur $\Lambda^r V$. D'après la définition de r et le paragraphe C du chapitre I, i m est une mesure irréductible portée par la grassmannienne des ous-espaces de dimension r, la suite $x_1 \ldots x_n$ m converge vers une mesure e Dirac. Comme de plus l'action de $\rho(\Gamma)$ sur $\Lambda^r V$ est fortement irré-uctible, la remarque finale du chapitre I fournit l'unicité voulue.

emarque : Si $\rho(\Gamma)$ est algébriquement dense dans Sl(V), les hypothèses u corollaire dont vérifiées.

En effet, si $\rho(\Gamma)$ n'était pas fortement irréductible sur $\Lambda^k V$ laisserait invariante une sous-variété algébrique de cet espace vectoriel qui est union d'une famille finie de sous-espaces et par densité il en serait de même de (V), ce qui est absurde.

B) Calcul d'un espace de Poisson

On considère ici un groupe Γ discret, que l'on particularisera plus loin en un réseau de $Sl(d,\mathbb{R})$ et une mesure de probabilité μ sur Γ. On suppose que B est un Γ- espace métrique compact et ν une mesure de probabilité μ-invariante sur B. On donne des conditions sur μ et ν assurant que toutes les fonctions μ-harmoniques bornées f sur Γ se représentent par la formule de Poisson $f(g) = g\nu(\phi)$ où ϕ est borélien bornée. Posons :

$$\delta(g) = \sup_x \operatorname{Log} \frac{dg\nu}{d\nu}(x)$$

(on verra plus loin que δ est finie; elle est évidemment positive)

$$\alpha = -\int_{\Gamma\times B} \operatorname{Log} \frac{dg^{-1}\nu}{d\nu}(x)\, d\mu(g)\, d\nu(x)$$

et notons d'abord que

$$\sup_x \operatorname{Log} \frac{dg\nu}{d\nu}(x) = \sup_x \left[-\operatorname{Log} \frac{dg^{-1}\nu}{d\nu}(x)\right]$$

En effet, si l'on pose, pour abréger $\sigma(g,x) = \operatorname{Log} \frac{dg^{-1}\nu}{d\nu}(x)$

on a $\sigma(gh,x) = \sigma(g,hx) + \sigma(h,x)$ et en particulier :

$\sigma(g,x) = -\sigma(g^{-1},gx)$

ce qui fournit l'égalité annoncée. On a donc $\alpha \leq \mu(\delta)$; plus généralement pour n entier on a $n\alpha \leq \mu^n(\delta)$. Ceci découle de la relation

$$\int_{\Gamma\times B} \sigma(g,x)\, d\mu^n(g)\, d\nu(x) = n \int_{\Gamma\times B} \sigma(g,x)\, d\mu(g)\, d\nu(x)$$

qui est satisfaite à cause de la relation de cocycle vérifiée par σ. Comme δ vérifie la relation de sous-additivité $\delta(gh) \leq \delta(g) + \delta(h)$ la limite de $1/n\ \mu^n(\delta)$ existe et majore α qui est lui-même positif, d'après l'inégalité de Jensen.

Rappelons enfin (I) que la croissance de δ est définie par $c(\delta) = \overline{\lim_n}\ 1/n\ \operatorname{Log} |B_n^\delta|$ où $B_n^\delta = \{g \in \Gamma;\ \delta(g) \leq n\}$ avec ces notations on a le

Théorème 1

Si la croissance de δ est égale à un et si $\alpha = \lim_n \mu^n(\delta)$ les fonctions μ-harmoniques bornées admettent une représentation de Poisson sur (B,ν)

La preuve découlera de plusieurs lemmes.

Lemme 1

Soit $R \subset \Gamma$ un ensemble de récurrence de la marche aléatoire, supposée transitoire, associée à μ. Alors $\sum_{g \in R} e^{-\delta(g)} = +\infty$

Preuve

Pour une fonction harmonique positive f écrivons :

$f(h) = \sum_{g} f(hg)\, \mu^n(g) \geq \sum_{r \in R} f(hr)\, \pi(r)$

où $\pi(r)$ est la probabilité d'entrée dans R, partant de e, par l'élément r. D'où $\sum_{r \in R} \frac{f(hr)}{f(h)} \pi(r) \leq 1$ et $\frac{f(hr)}{f(h)} \pi(r) \leq 1$

Si l'on considère la famille de fonctions harmoniques $f_x(g) = \frac{dg\nu}{d\nu}(x)$ on obtient alors $\sup_x \frac{dg\nu}{d\nu}(x)\, \pi(g) \leq 1$ pour $g \in R$, c'est-à-dire $\pi(g) \leq e^{-\delta(g)}$ et donc, puisque $\sum_{g \in R} \pi(g) = 1$: $\sum_{g \in R} e^{-\delta(g)} \geq 1$.

On en déduit la divergence de la série $\sum_{g \in R} e^{-\delta(g)}$ puisque sinon la somme pourrait être rendue inférieure à un en remplaçant R par R' différent de R par un nombre fini d'éléments.

Remarques

On peut remarquer que, si, partant de e, la marche aléatoire de loi μ atteint tous les points de G, l'inégalité $e^{\delta(g)} \pi(g) \leq 1$ permet de conclure que $\delta(g) < +\infty$

Lemmê 2

Soit c la croissance de μ(cf II), $c(\delta)$ celle de δ, et $\gamma(\delta) = \lim_n \frac{\mu^n(\delta)}{n} < +\infty$. Alors on a les inégalités

$$\alpha < \gamma(\delta) \leq c \leq c(\delta)\gamma(\delta)$$

Preuve

La première inégalité a été vue au début de ce paragraphe et la dernière au chapitre II. Afin de justifier $\gamma(\delta) \leq c$, considérons des ensembles A_n finis tels que $\lim_n \mu^n(A_n) > 0$ et posons

$a(g) = \text{Inf}\{n \in \mathbb{N} ; g \in A_n\}$

$R_\varepsilon = \{g \in \Gamma ; \delta(g) \geq [\gamma(\delta) - \varepsilon]\, a(g)\}$

Comme $\mu(\delta) < +\infty$ le théorème ergodique sous-additif fournit (p.p.) $\lim_n \frac{\delta(S_n)}{n} = \gamma(\delta)$ où $S_n(\omega) = Y_1(\omega) \ldots Y_n(\omega)$ est la marche aléatoire de loi μ partant de e.

D'après la propriété de Borel Cantelli, on sait que $S_n \in A_n$ pour une infinité de n et ceci s'écrit $a(S_n) \leq n$. La relation

$\lim_n \frac{\delta(S_n)}{n} = \gamma(\delta)$ (p.p) permet alors de conclure que l'on a

(p.p) $\delta(S_n) \geq [\gamma(\delta) - \varepsilon]\, a(S_n)$ pour une infinité de n. Ceci signi[fie] que R_ε est un ensemble de récurrence et donc que :

$$\sum_{g \in R_\varepsilon} e^{-\delta(g)} \leq \sum_{g \in R_\varepsilon} e^{-a(g)[\gamma(\delta)-\varepsilon]} = +\infty$$

Si l'on suppose, ce qui est toujours possible, les A_n croissants, on obtient :

$$\sum_{n \in \mathbb{N}} (|A_n| - |A_{n-1}|)\, e^{-n[\gamma(\delta) - \varepsilon]} = +\infty$$

et donc

$$\overline{\lim_n} (|A_n| - |A_{n-1}|)^{1/n} \geq \gamma(\delta) - \varepsilon$$

soit $\overline{\lim_n} |A_n|^{1/n} \geq \gamma(\delta) - \varepsilon$ et $c \geq \gamma(\delta)$

Lemme 3

Soient (B, ν) et (B', ν') deux Γ-espaces métriques compacts munis de probabilités μ-invariantes ν et ν'.

Soit Q un noyau mesurable Γ-équivariant de B' dans B tel que $Q\nu' = \nu$. Si l'on pose

$$\alpha = \int_{\Gamma \times B} \text{Log} \frac{dg^{-1}\nu}{d\nu}(x)\, d\nu(x)\, d\mu(g)$$

$$\alpha' = \int_{\Gamma \times B} \text{Log} \frac{dg^{-1}\nu'}{d\nu'}(x')\, d\nu'(x')\, d\mu(g) \quad \text{on a}$$

$\alpha' \geq \alpha$ et si $\alpha = \alpha'$ on a ν'-p.p $\frac{dg\nu'}{d\nu'} = Q\left[\frac{dg\nu}{d\nu}\right]$

Preuve

C'est une conséquence de l'inégalité de Jensen (cf [13]).

Démonstration du théorème

Soit (B', ν') l'espace de Poisson de μ et Q un noyau Γ-équivariant de B' dans B tel que $Q\nu' = \nu$. L'inégalité du lemme 2 donne ici, $\alpha' \leq c$ et, puisque $c(\delta) = 1$, $\alpha = \gamma(\delta)$; on a aussi $\alpha = \gamma(\delta) = c$. On en déduit $\alpha' = \alpha$ et le lemme 3 donne $\frac{dg\nu'}{d\nu'} = Q\left[\frac{dg\nu}{d\nu}\right]$

La formule de Poisson $f(g) = g\nu(\phi)$ s'écrit alors :

$$f(g) = \int_{B'} \phi(x') \frac{dg\nu'}{d\nu'}(x')\, d\nu'(x') = \int_{B'} Q\left[\frac{dg\nu}{d\nu}\right] d(\phi.\nu')$$

et puisque $Q[\phi\nu'] = \overline{\phi} \,.\, Q\nu' = \overline{\phi}\nu$ où $\overline{\phi}$ est bornée par $\|\Phi\|_\infty$ on obtient $f(g) = \int_B \frac{dg\nu}{d\nu}(x)\, \overline{\phi}(x)\, d\nu(x) = g\nu(\overline{\phi})$.

Afin d'appliquer le théorème aux sous-groupes de $Sl(d, \mathbb{R})$, énonçons la proposition :

Proposition

Soit m la mesure K-invariante sur $B = {}^{G}/_{MAN}$ [où $G = Sl(d, \mathbb{R})$] et $\delta(g) = \sup_x \operatorname{Log} \frac{dgm}{dm}(x)$. Alors la croissance de $\delta(g)$ est égale à 1.

Preuve

Ici B n'est autre que l'espace des drapeaux de $\mathbb{R}^d$, c'est-à-dire l'espace des suites de d sous-espaces distincts emboités. Si l'on considère le point x de B associé à la base orthonormale

$(x_1, x_2, \dots x_d)$ un calcul simple d'homogénéité

montre que :

$$\left[\frac{dg^{-1}m}{dm}(x)\right]^{-\frac{1}{2}} = \|gx_1\| \, \|gx_1 \wedge gx_2\| \dots \|gx_1 \wedge \dots \wedge gx_{d-1}\|$$

Si alors on décompose g sous la forme polaire $g = kak'$, où k, k' sont orthogonaux et a diagonale de coefficients $(\lambda_1, \lambda_2, \dots \lambda_d)$ on obtient :

$$e^{\delta(g)} = \sup_{x \in B} \frac{dgm}{dm}(x) = \mu_1^2 \mu_2^2 \cdots \mu_{d-1}^2 \quad \text{où } \mu_1 = \lambda_1,\ \mu_i = \lambda_1 \ldots \lambda_i \quad 1 \le i \le d-1$$

L'expression de la mesure de Haar dans la décomposition polaire $G = KAK$ est donnée par :

$\int f(g)\,dg = \iiint \phi(a) f(kak')\,dk\,da\,dk'$ où dk, et da sont les mesures de Haar sur K et A et où $\phi(a) = \prod_{1\le i<j\le d} ({}^{\lambda_i}/_{\lambda_j} - {}^{\lambda_j}/_{\lambda_i})$

Puisque $\lambda_1 \ge \lambda_2 \ge \ldots \ge \lambda_d$, on a donc :

$$\phi(a) \le \prod_{1\le i<d} {}^{\lambda_i}/_{\lambda_j} = \prod_{i=1}^{i=d-1} \mu_i^2$$

Observons que, puisque $\lambda_1 \lambda_2 \ldots \lambda_d = 1$, les μ_i sont supérieurs à 1

Le volume de l'ensemble des g de G tels que $\delta(g) \le n$ est alors majoré par l'intégrale de la fonction $\mu_1 \mu_2 \ldots \mu_{d-1}$ sur le domaine A_n de $\mathbb{R}^{d-1}$ défini par $\mu_i \ge 1$ $(1 \le i \le d-1)$ et

$$\mu_1 \mu_2 \ldots \mu_{d-1} \le e^{n/2}$$

Une récurrence sur d fournit une majoration de cette intégrale par $e^n (n/2)^{d-2}$ et comme l'on a $\lim_n \frac{1}{n} \log e^n (n/2)^{d-2} = 1$ la croissance de δ est majorée par un.

Le fait qu'elle soit exactement un n'interviendra pas explicitement, à cause de l'inégalité du lemme 2. On pourra trouver en [29] des estimations analogues pour la fonction $\delta'(g) = \sup_x \left| \operatorname{Log} \frac{dgm}{dm}(x) \right|$ le fait que la croissance de δ soit minorée par 1 découle alors de $\delta' \ge \delta$ et de [29].

Théorème 2

Soit μ une mesure de probabilité sur $\Gamma \subset Sl(d,\mathbb{R})$ telle que $\sum_{g\in\Gamma} \mu(g) \log \|g\| < +\infty$ et admettant sur $B = G/_{MAN}$ une probabilité invariante ν de la forme $\nu = f.m$ où f et $1/_f$ sont bornées. Alors la croissance de μ est égale à $\iint_{\Gamma\times B} -\operatorname{Log} \frac{dg^{-1}\nu}{d\nu}(x)\,d\nu(x)\,d\mu(g)$ et si le support de μ engendre Γ qui opère de manière irréductible sur les espaces de multivecteurs, les fonctions μ-harmoniques bornées admette une représentation de Poisson sur (B,ν).

Preuve

D'après l'expression précédente de $\frac{dgm}{dm}$, on a :

$\delta(g) \leq d(d-1)$ Log $\|g\|$ et la condition $\mu(\delta) < +\infty$ est donc satisfaite dans le cas où $\nu = m$. Si $\nu = f.m$, la fonction δ n'est modifiée que par l'addition d'une fonction bornée et la condition $\mu(\delta) < +\infty$ est donc encore satisfaite. Dans le cas $\nu = m$ la croissance de δ est majorée par un car. Γ étant discret, il existe un voisinage compact de V de e tel que ses translatés par Γ soient disjoints de sorte que

$$B^{\delta}_{n+c} \supset V.(B^{\delta}_n \cap \Gamma)$$

et

$$|V|\,|B^{\delta}_n \cap \Gamma| \leq |B^{\delta}_{n+c}| \qquad \text{pour une constante } c,$$

$$\text{soit } \overline{\lim}\ |B^{\delta}_n \cap \Gamma|^{1/n} \leq \overline{\lim}\ |B^{\delta}_n|^{1/n} \leq 1$$

La relation entre les fonctions correspondant à ν et $f.\nu$ montre que la croissance de δ est toujours majorée par un. Le lemme 2 fournit alors $c = \gamma(\delta)$. Pour voir que $\alpha = \lim \frac{\mu^n(\delta)}{n}$, observons que, puisque $\iint [\text{Log } f(gx) - \text{Log } f(x)]\, d\nu(x)\, d\mu(g) = 0$, on a

$\alpha = -\iint \text{Log } \frac{dg^{-1}m}{dm}(x)\, d\nu(x)\, d\mu(g)$. L'expression de $\frac{dg^{-1}m}{dm}(x)$ donnée au cours de la preuve de la proposition précédente et la condition d'irréductibilité imposée montrent que

$$\alpha = \lim_n - \text{Log } \frac{d\,S_n^{-1}m}{dm}(x) \text{ pour tout } x \in B,$$

d'après les résultats du chapitre (I, B). Ces résultats montrent que, de plus $\alpha = \lim_n \frac{\mu^n(\delta)}{n}$. Le corollaire découle alors du théorème.

Remarque

Si Γ vérifie la condition supplémentaire que la suite de mesures de Radon $g_1 \cdots g_n m$ converge (p.p) vers une mesure de Dirac, on peut alors dire que (B,ν) est l'espace de Poisson de μ car le noyau Γ-équivariant du théorème 2 de A) est alors une application. Une telle propriété, comme l'irréductibilité de Γ dépend de la "taille" de G/Γ et est en particulier vérifiée si Γ est un réseau, d'après le chapitre I(B, C).

On va maintenant donner la construction suivant [13] ., pour certains sous-groupes Γ de G, d'une mesure μ vérifiant les hypothèses du théorème précédent. On peut se placer dans le cas G localement compact et Γ non nécessairement discret. Disons qu'une mesure ρ sur G admet un moment d'ordre un si, lorsque G est engendré par un voisinage compact V de e on a $\sum_{n=1}^{\infty} n\rho(V^{n+1} - V^n) < +\infty$
On vérifie que cette condition est indépendante de V et se réduit, dans le cas G = Sl(d, $\mathbb{R}$), à la condition $\int \text{Log} \|g\| \, d\rho(g) < +\infty$

Théorème 3

Soit G un groupe, H un sous-groupe fermé, $\mu = \Psi . dg$ une mesure de probabilité sur G dont le support engendre G et telle que Ψ soit continue à support compact et $\Psi(e) > 0$. Supposons que la marche de loi μ soit récurrente sur l'espace homogène $H\backslash G$ et soit ν une mesure μ-invariante sur l'espace métrique compact X. Alors il existe un noyau H-équivariant Q(g,.) de G dans H tel que

$$\forall g \in G \qquad g\nu = Q(g,.) * \nu$$

On peut supposer les probabilités Q(g,.) étalées et de support égal à H.

Si de plus, $H\backslash G$ est compact, on peut supposer que Q(g,.) admet un moment d'ordre un.

Preuve

Montrons d'abord pour $g \in G$ et $h \in H$ donnés l'existence d'un réel strictement positif ε_g^h tel que :

$$g\nu = \varepsilon_g^h \, h\nu + r_g^h * \nu$$

où r_g^h est une mesure positive. Comparons $g\mu^n$ et $h\mu$: pour n assez grand, puisque ces deux mesures ont des densités continues à supports compacts engendrant G, on a :

$$g\mu^n = \varepsilon_g^h \, h\mu + r_g^h$$

avec $\varepsilon_g^h > 0$ et r_g^h mesure > 0.

Donc : $g\mu^n * \nu = \varepsilon_g^h \, h\mu * \nu + r_g^h * \nu$

soit $g\nu = \varepsilon_g^h \, h\nu + r_g^h * \nu$

La mesure $g\nu$ admet donc des décompositions de la forme :

$$g\nu = \beta_g * \nu + r_g * \nu$$

où β_g et r_g sont des mesures positives et β_g est portée par H, de support pouvant être supposé égal à H. De plus la masse de β_g est non nulle. Soit alors $L(g)$ la borne supérieure des masses des mesures β_g ainsi obtenues.

On a évidemment $L(hg) = L(g)$ $(h \in H)$ comme on le voit en composant la décomposition de $g\nu$ avec h. De plus $L(g)$ est surharmonique :

$$\int h(gg')d\mu\ (g') \leq L(g)$$

En effet si $gg'\nu = \beta_{gg'} * \nu + r_{gg'} * \nu$

on a :

$$g\nu = \int gg'\nu\ d\mu\ (g') = \left[\int \beta_{gg'} d\mu\ (g')\right] * \nu + \left[\int r_{gg'} d\mu(g')\right] * \nu$$

et $L(g) \geq \left\|\int \beta_{gg'} d\mu\ (g')\right\|$

soit en laissant varier la décomposition de $gg'\nu$:

$$L(g) \geq \int L\ gg')\ d\mu\ (g')$$

L'hypothèse faite sur $H\backslash G$ implique maintenant que L, non nulle, est constante. On a donc $1 \geq L > \varepsilon > 0$.

Montrons que $L = 1$:

Ecrivons $g\nu = \varepsilon_g * \nu + r_g * \nu$ avec $\|\varepsilon_g\| = \varepsilon$ et $\|r_g\| = 1 - \varepsilon$ et itérons cette procédure :

$$r_g * \nu = \varepsilon_g^1 * \nu + r_g^1 * \nu$$

avec $\|\varepsilon_g^1\| = \varepsilon(1 - \varepsilon)$, $\|r_g^1\| = (1 - \varepsilon)^2$

On a donc une décomposition

$$g\nu = (\varepsilon_g + \varepsilon_g^1 + \quad + \varepsilon_g^n) * \nu + r_g^n * \nu$$

avec $r_g^n = (1 - \varepsilon)^{n+1}$

On a donc bien $L(g) = \frac{1}{1-(1-\varepsilon)} = 1$
ce qui permet de construire Q.
La précision concernant le cas $G/_H$ compact découle de la latitude laissée pour le choix de Q [13].

Corollaire 1

Dans la situation du théorème, il existe une mesure ρ sur H ayant une densité de support égal à H et telle que

$$\rho * \nu = \nu$$

Preuve

Il suffit de poser $\rho = Q\mu$ car :

$$\rho * \nu = \int \left(Q(g,.) * \nu\right) d\mu(g) = \int g\nu d\mu(g) = \nu$$

Corollaire 2

Soit Γ un réseau de $G = Sl(d, \mathbb{R})$, tel que $G/_\Gamma$ soit compact et m la mesure K-invariante sur $B = G/_{MAN}$. Alors il existe des mesures portées par Γ dont l'espace de Poisson est (B, m).

Preuve

On applique le corollaire 1, en partant d'une mesure μ sur G qui est K-invariante à gauche : alors $\nu = m$. Puisque $G/_\Gamma$ est compact la mesure ρ obtenue admet un moment d'ordre un et le corollaire du théorème 1 implique que les fonctions ρ-harmoniques bornées admettent une représentation de Poisson sur (B, m) . De la compacité de $G/_\Gamma$ on déduit qu'il existe une suite γ_n de Γ telle que $\gamma_n m$ converge vers une mesure de Dirac et on a aussi d'après I

$$\rho^N\text{-p.s} : \lim_n \gamma_1 \quad \gamma_n . m = \delta_{Z(\omega)}$$

et donc (B,m) est bien l'espace de Poisson de ρ.
Ce corollaire et le corollaire du théorème 2 du paragraphe A permettent d'énoncer le théorème

Théorème 4

Si Γ est un réseau de $G = Sl(d, \mathbb{R})$ tel que $G/_\Gamma$ soit compact et ρ une représentation de Γ dans Sl(V) telle que $\rho(\Gamma)$ soit algébriquement dense, il existe un entier $r(0<r<\dim V)$ et une application borélienne Γ-équivariante de $B = G/_{MAN}$ dans la grassmannienne r-plans de V.
Cette application est unique m-p.p.

C - Un exemple de superrigidité

On justifie brièvement ici, selon [21] et en se basant sur la construction de B) un cas particulier du théorème remarquable de superrigidité de G.A Margulis.

Théorème

Soit Γ un réseau de $Sl(d,\mathbb{R})$ et ρ une représentation de Γ dans un espace vectoriel réel V telle que $\rho(\Gamma)$ soit contenu dans $Sl(V)$ et algébriquement dense. Alors, pour $d > 2$, ρ est la restriction à Γ d'une représentation de $Sl(d,\mathbb{R})$.

On a construit en B) une application mesurable ϕ de $B = {}^{G}/_{MAN}$ dans la grassmannienne des r-plans de V, vérifiant pour presque tout $b \in B$: $\phi(\gamma b) = \rho(\gamma)\,\phi(b)$. On va donner les lemmes qui permettent de montrer, d'abord que ϕ est égale (pp) à une application rationnelle, puis qu'une telle application est associée à un prolongement de ρ. Le terme "rationnelle" signifie ici : qui s'exprime dans les coordonnées naturelles sur B et $P(\Lambda^r V)$ par des fractions rationnelles.

Lemme 1 :

Soit E un espace topologique à base dénombrable d'ouverts qui possède la propriété de séparation T_0. Soit (X,θ,μ) un système dynamique ergodique et f une application mesurable θ-invariante de X dans E. Alors f est constante (μ-p.p).

Rappelons que la propriété T_0 signifie que la condition $x \neq y$ $(x,y \in E)$ implique $\{\overline{x}\} \neq \{\overline{y}\}$.

Lemme 2 :

Soient μ et ν deux mesures de probabilités sur l'espace projectif $P(W)$ et g_n, h_n deux suites d'applications projectives telles que $\lim g_n\mu = \nu$, $\lim g_n \nu = \mu$. Alors il existe une application projective g et une sous-suite de g_n convergeant vers $g(\mu-pp)$.

Ce lemme s'obtient en reprenant les considérations de la fin du paragraphe A du chapitre I relatives aux suites d'applications projectiv et en particulier le lemme 1 de la proposition 3.

Il découle du lemme 2 que l'espace quotient E de l'espace des probabilités sur $P(W)$, par le groupe projectif de $P(W)$ possède bien la propriété T_0.

Lemme 3

Soit ϕ une application rationnelle de B dans $P(W)$, ρ une représentation irréductible de $\Gamma \subset Sl(d,\mathbb{R})$ dans $Sl(W)$ vérifiant $\phi(\gamma b) = \rho(\gamma)\,\phi(b)$ $(b \in B)$. Alors si Γ est algébriquement dense dans $Sl(d,\mathbb{R})$, ρ se prolonge en une représentation de Γ dans W.

Preuve

Notons que, en raison de l'irréductibilité de $\rho(\Gamma)$, le sous-espace projectif engendré par l'image de ϕ est égale à $P(W)$. On peut donc trouver des $b_i (i=1,2,\dots,m)$ dans B tels que les $\phi(b_i)$ forment un repère projectif de $P(W)$. On peut alors définir une application rationnelle $\mu(g)$ de G dans le groupe projectif de W par $\phi(g\, b_i) = u(g)\,\phi(b_i)$ $(i=1,2,\dots,m)$. On a, pour $\gamma \in \Gamma$ $\mu(\gamma) = \rho(\gamma)$ et la densité de Γ dans G montre que u est une homomorphisme de G dans le groupe projectif de W, c'est-à-dire dans un groupe de matrices de déterminant ± 1. Puisque $\det \rho(\gamma) = 1$ et que Γ est dense, u définit en fait un homomorphisme de $Sl(d,\mathbb{R})$ dans $Sl(W)$.

Preuve du théorème

Considérons la matrice diagonale $t = \begin{pmatrix} \lambda & & 0 \\ & \ddots\lambda & \\ 0 & & \lambda' \end{pmatrix}$ $(\lambda \neq 1,\ \lambda^{d-1}\lambda' = 1)$

et le sous-groupe S des matrices s de $Sl(d,\mathbb{R})$ de la forme

$s = \begin{pmatrix} (\sigma) & 0 \\ & \vdots \\ 0\dots0 & 1 \end{pmatrix}$, $\sigma \in Sl(d-1,R)$. Considérons aussi l'orbite $So \subset B$ du point O représentatif de MAN et la probabilité m sur S_o invariante par le groupe orthogonal de S. Il est clair que t agit trivialement sur S_0 puisque $ts = st$. Considérons l'application f de G dans l'espace $M^r(V)$ des mesures de probabilité sur $P(\Lambda^r V)$ définie par $f(g) = \phi(gm)$. Alors, pour presque tout g, f vérifie

$$f(gt) = f(g) , \quad f(\gamma g) = \rho(\gamma) f(g)$$

Si alors $\overline{M}^r(V)$ désigne l'espace quotient de $M^r(V)$ muni de la topologie vague par le groupe projectif, on peut définir une application mesurable $\overline{f}$ de $_\Gamma\backslash^G$ dans $\overline{M}^r(V)$ par $\overline{f}(\overline{g}) = f(g)$ $(g \in G , \overline{g} \in {_\Gamma\backslash^G})$. L'action de t sur $_\Gamma\backslash^G$, muni de la mesure de Haar, définit un sytème dynamique ergodique puisque Γ est un réseau [23] et le lemme 1 s'applique à la fonction t-invariante $\overline{f}$ donnant $f(g) = cte$. En particulier, soit $g' \in G$ fixé ; la constance de f montre qu'il existe une application projective $u(g',g)$ dependant mesurablement de g et g', telle que pour presque tout g : $\phi(gg'm) = u(g',g)\, \phi(gm)$. On peut préciser ce résultat : on peut trouver $u(g',g)$ telle que pour presque tout (g,b) $(g,b) \in G \times S_o$ $\phi(gg'b) = u(g',g)\, \phi(gb)$

Il suffit pour celà de considérer, au lieu de la seule mesure m, une suite de probabilités m_k sur S_o équivalentes à m et totale dans $L^1(m)$ et de remplacer l'espace $M^r(V)$ par le produit d'une infinité dénombrable de copies de $M^r(V)$. L'application F remplaçant f est définie par $F(g) = \phi(gm_k)_{k\in N}$. L'image M de F est formé de suites de probabilités deux à deux équivalentes. Le lemme 2 montre que le quotient de M par le groupe projectif de $P(\Lambda^r V)$ possède la propriété de séparation T_o. Comme il possède d'autre part, comme M, une base dénombrable d'ouverts, le lemme 1 fournit l'existence de $u(g',g)$ vérifiant

$$\forall k \in N \qquad \phi(gg'm_k) = u(g',g)\, \phi(gm_k)$$

Les deux applications mesurables de S_0 dans $P(\Lambda^r V)$, $\phi(gg'b)$ et $u(g',g)\ \phi(gb)$ doivent alors coincider m-pp puisque m_k est totale dans $L^1(m)$.

Observons que si W_g désigne le plus petit sous-espace projecti protant $\phi(gm)$, l'application projective $u(g',g)$ n'est définie uniqu ment que sur W_g et qu'elle envoie W_g sur $W_{gg'}$. Si H_g désigne le groupe projectif de W_g , $u(g',g)$ définit une application mesurable α_g de S dans H_g par $\alpha_g(s) = u(s,g)$.

Montrons que α_g est un homomorphisme :

$u(ss',g)\ \phi(gb) = \phi(gss'b) = u(s,g)\ \phi(gs'b) = u(s,g)\ u(s',g)\ \phi(gb)$ pour presque tout (g,b) .

Donc $u(ss',g) = u(s,g)\ u(s'g)$

Cet homomorphisme mesurable est continu et même rationnel puisque $d-1 \geq 2$ et que S est isomorphe à $Sl(d-1,\mathbb{R})$. Alors la relatic $\phi(gsb) = \alpha_g(s)\ \phi(gb)$ valable pour presque tout (g,b) montre que la restriction de ϕ à l'ensemble algébrique gS_0 coincide (pp) avec une application rationnelle et ceci pour presque tout $g \in G$.
Remplaçant l'élément diagonal t initialement choisi par des éléments diagonaux analogues on obtient une famille d'ensembles algébriques sur lesquels ϕ est rationnelle. Cette famille est suffisamment "riche" pour que l'on puisse montrer [25] que ϕ elle-même est rationnelle. Le lemme 3 fournit alors, vu la densité de Γ et l'irréductibilité de ρ le prolongement en une représentation $\tilde{\rho}$ de $Sl(d,\mathbb{R})$ dans $\Lambda^r V$. En fait puisque $\rho(\gamma)$ est définie par une application projective de $P(V)$, il en est de même, par densité, de $\overline{\rho}(g)$ pour $g \in Sl(d,\mathbb{R})$

Ce théorème, sous forme générale, admet d'importants corollaires [25]. Il permet en particulier de montrer que, pour $d > 2$, le réseau Γ peut être défini arithmétiquement. Enfin une étude approfondie des frontières et mesures associées à Γ permet de montrer que les sous-groupe distingués de Γ sont, ou bien d'indice fini, ou centraux dans G . On pou se reporter à [17] pour un exposé de ces méthodes et de ces résultats.

BIBLIOGRAPHIE

A. AVEZ : Théorème de Choquet-Deny pour les groupes à croissance non exponentielle - CRAS Paris, t. 279(1974), p.25-28.

A. AVEZ : Harmonic functions on groups - Diff. geom. and relativity - Cahen-Flato ; Math. Physics and Applied Math p.27-32, D. Reidel Dordredt, Holland.

R. AZENCOTT : Espaces de Poisson des groupes localement compacts Lecture Notes Springer (1970).

C. BERG et J.P.R. CHRISTENSEN : On the relation between amenability of locally compact groups and the norms of convolution operators - Math. Ann. 208, 149-153(1974).

G. CHOQUET et J. DENY : Sur l'équation de convolution $\mu = \mu * \sigma$ - C.R. Acad. Sc. Paris, t. 250, 1960, p.237-268.

Y. DERRIENNIC : Sur le théorème ergodique sous-additif - CRAS Paris t.281, 1975, p.985-988.

Y. DERRIENNIC et Y. GUIVARC'H : Théorème de renouvellement pour les groupes non moyennables- CRAS Paris, t.277, p. 613-615.

P. EYMARD : Moyennes invariantes et représentations unitaires - Lecture Notes, Springer (1972).

H. FURSTENBERG : A Poisson formula for semi-simple Lie groups - Annals of Math., serie 2, t.77, 1963, p.335-386.

H. FURSTENBERG : Non commuting random products - T.A.M.S. 108, 1963, p.377-428.

H. FURSTENBERG : A note on Borel's density theorem - Proc. A.M.S. vol. 55, 1976.

H. FURSTENBERG : Boundary theory and stochastic processes on homogeneous spaces - Proc. Symp. Pure Math., vol. 26 (Harmonic Analysis on Homogeneous spaces, Williamstown, Mass., 1972), 193-229.

H. FURSTENBERG : Random walks and discrete subgroups of Lie groups - Advances in probability and related topics - I , 1971.

S. GLASNER : Proximal flows. Lecture notes Springer Verlag - 1976.

F. GREENLEAF : Invariant means on topological groups - New York, 1969.

U. GRENANDER : Probabilities on algebraic structures - New York Wiley 1963.

[17] Y. GUIVARC'H : Une loi des grands nombres pour les groupes de Li
Séminaires de l'Université de Rennes, 1976.

[18] Y. GUIVARC'H : Croissance polynomiale et périodes des fonctions harmoniques - Bulletin SMF 101, 1973, p.333-379.

[19] D.A. KAZDAN : On the connection of the dual space of a group wit the structure of its closed subgroups - Funct. Anal. and Appl. 1 1967, p.63-65.

[20] J.F.C. KINGMAN, J. Roy Stat. Soc. B. 30, 1968, p.499-510.

[21] H.P. MAC KEAN : Stochastic Integrals Academic Press, 1969.

[22] G.A. MARGULIS : Discrete groups of motions of manifolds of non-positive curvature - Congrès International des Math., Vancouver, Août 1974.

[23] C.C. MOORE : Ergodicity of flows on homogeneous spaces - Amer. J. Math 88, 1965, p.154-178.

[24] G.D. MOSTOW : Strong rigidity of locally symmetric spaces - Ann. of Math. Studies, Princetown Univ. Press, 1973.

[25] M.S. RAGHUNATHAN : Discrete subgroups of Lie groups - Ergebnisse der Math. Bd. 68, Springer, Berlin, 1972. Edition russe 1977, Appendice par G.A. Margulis.

[26] A. RAUGI : Fonctions harmoniques sur les groupes localement compacts - Bulletin SMF, 1977, Mémoire 54.

[27] J. TITS : Travaux de Margulis sur les sous-groupes discrets des groupes de Lie - Sém. Bourbaki 1976, Février.

[28] V.N. TUTUBALIN : Some theorems of the type of the law of large numbers. Theory of Proba., 1969, p.313-319.

[29] W. VEECH : Unique ergodicity of horospherical flows, 1974, Amer. J. Math.

[30] R. ZIMMER : A measurable ergodic group actions and an applicatio to Poisson boundaries of random walks - J. Fonct. Annal. vol. 27 1978, p.350-372.

QUELQUES PROPRIETES DES EXPOSANTS CARACTERISTIQUES

PAR F. LEDRAPPIER

Originally published in: *Ecole d'Été de Probabilités de Saint-Flour XII – 1982*, Lecture Notes in Mathematics, Vol. **1097**, 305–396, DOI: 10.1007/BFb0099434, © Springer-Verlag Berlin Heidelberg 1984,
Reprint by Springer-Verlag Berlin Heidelberg 2012

PREFACE

L'objet de ce cours est de définir les exposants caractéristiques d'un produit de matrices aléatoires stationnaires et d'en étudier quelques propriétés. Les exposants sont définis simplement par sous-additivité. Le théorème ergodique sous-additif montre en fait un résultat de convergence presque sûre. Le théorème ergodique multiplicatif d'Osseledets qui s'en déduit est une loi des grands nombres qui précise le comportement exponentiel des images des vecteurs de $\mathbb{R}^d$ par le produit de matrices. Dans la suite ce théorème va nous servir à expliciter les relations entre les exposants et d'autres quantités qui apparaissent.

Un exemple naturel d'application pour le théorème d'Osseledets est les applications différentiables d'une variété dans elle-même. En effet d'après les règles de composition pour les applications différentielles, la différentielle de l'itérée de la transformation apparaît comme un produit d'opérateurs linéaires. Une mesure de probabilité invariante détermine alors une loi stationnaire sur ces opérateurs. Les exposants qu'on peut ainsi définir sont des quantités dynamiques liées à la transformation et à la mesure invariante. Nous les comparerons avec d'autres quantités dynamiques : dans le cas ergodique, l'entropie est plus petite que la somme des exposants positifs. Le défaut d'égalité dans cette formule peut-être expliqué par une propriété géométrique de la mesure : nous montrons en dimension 2 la formule de Young liant les exposants, l'entropie et la dimension de la mesure. Le théorème d'Osseledets permet en effet de montrer une estimation (presque partout) de la mesure des petites boules. La démonstration introduit plusieurs techniques de théorie ergodique "à la Pesin".

Un autre exemple important est le cas des produits de matrices indépendantes : nous montrons comment le théorème d'Osseledets permet de retrouver des résultats connus comme la formule de Fürstenberg donnant le plus grand exposant. Nous montrons également le critère de Fürstenberg pour assurer que les exposants ne sont pas tous égaux. Pour cela, en suivant la démonstration originale de Fürstenberg, nous introduisons une entropie associée à la marche aléatoire et nous montrons que cette entropie est plus petite que le plus grand exposant. Nous avons également ici en dimension 2 une formule liant cette entropie, l'exposant et une dimension de la mesure invariante.

Nous donnons enfin deux autres exemples de problèmes où le théorème d'Osseledets intervient dans l'étude d'équations aux différences à coefficients aléatoires. Par exemple Pastour a montré que l'opérateur de Schrödinger a un spectre singulier presque partout dès que l'exposant d'une certaine famille de matrices est positif. Nous reprenons son argument et donnons deux exemples. Nous mentionnons également un résultat récent de Key qui caractérise la récurrence de certaines marches aléatoires en milieu aléatoire sur Z par le fait que deux certains exposants sont nuls pour un produit de matrices naturellement associé au modèle.

En général, les exposants apparaissent aujourd'hui souvent difficiles à calculer explicitement (voir pourtant le joli exemple que Gérard Letac a exposé lors de l'Ecole d'Eté), mais le théorème d'Osseledets permet d'obtenir quelques relations, comme nous essayons de le montrer ici. La préparation de ce cours a largement bénéficié de nombreuses conversations avec mes collègues du Laboratoire de Probabilités que je voudrais remercier. L'attention et les remarques de participants à l'Ecole d'Eté m'ont également été précieux. Je voudrais encore remercier P.L. Hennequin de m'avoir invité à faire ce cours et pour la générosité discrète avec laquelle il a organisé cette session de l'Ecole d'Eté.

I - THEOREME ERGODIQUE MULTIPLICATIF D'OSSELEDETS

1. Exposants caractéristiques

Nous considérons une suite stationnaire $\{A_n, n \geq 0\}$ de matrices réelles carrées d x d et nous formons le produit $A^{(n)} = A_{n-1} \dots A_0$. On peut toujours se ramener au modèle suivant : soit $(X, \mathcal{A}, m)$ un espace probabilisé et θ une application mesurable de X dans X qui laisse m invariante ($m(\theta^{-1}B) = m(B)$ pour tout B de $\mathcal{A}$) et soit A une application mesurable de X dans les matrices d x d. On obtient une suite stationnaire en posant $A_n = A.\theta^n$ et alors on note :

$$A^{(n)}(x) = A(\theta^{n-1} x).\ A(\theta^{n-2} x)\dots A(x).$$

Notons E l'espace euclidien $\mathbb{R}^d$ et pour p entier naturel, $\overset{p}{\Lambda} E$ les espaces puissance extérieure de E. (On peut considérer $\overset{p}{\Lambda} E$ comme l'espace des formes p-linéaires alternées sur le dual E^*).

Si A désigne une matrice d x d, identifiée à l'opérateur de E dans lui-même, nous notons $\overset{p}{\Lambda} A$ l'opérateur de $\overset{p}{\Lambda} E$ dans lui-même canoniquement associé à A (par exemple par la formule :

$$(\overset{p}{\Lambda} A)\ f(a_1^*, \dots, a_p^*) = f(A^* a_1^*, \dots, A^* a_p^*)).$$

Nous noterons $|| \ ||$ une norme quelconque sur chaque espace de matrices. La proposition suivante définit les exposants caractéristiques de la suite $\{A_n, n \geq 0\}$ ou plutôt de la famille $(X, \mathcal{A}, m, \theta, A)$.

1.1 - Proposition - définition

Avec les notations ci-dessus, supposons que :

$$\int \log^+ ||A(x)||\ m(dx) < +\infty.$$

Alors pour tout $1 \leq p \leq d$, la limite de la suite

$$\frac{1}{n} \int \log ||\overset{p}{\Lambda} A^{(n)}(x)||\ \ m(dx) \quad \text{existe dans } R \cup \{-\infty\}.$$

On appelle exposants caractéristiques $\lambda_1 \dots \lambda_d$ les nombres réels tels que :

$$\lambda_1 + \lambda_2 + \dots + \lambda_p = \lim_n \frac{1}{n} \int \log ||\overset{p}{\Lambda} A^{(n)}(x)||\ \ m(dx),$$

en posant $\lambda_p = -\infty$ si la limite est $-\infty$.

Démonstration :

Il est d'abord clair que ni l'hypothèse, ni la conclusion, ni la valeur de la limite ne dépendent de la norme choisie sur l'espace des matrices.

Si, par exemple pour $p = 1$, on choisit $\| \ \|_0$ une norme d'opérateur de $\mathbb{R}^d$ dans $\mathbb{R}^d$, on a l'égalité :

$$\|A^{(n+m)}\|_0 = \|A_{n+m-1} \dots A_n A_{n-1} \dots A_0\|_0$$
$$\leq \|A_{n+m-1} \dots A_n\|_0 \|A_{n-1} \dots A_0\|_0 .$$

Par stationnarité, il s'ensuit que la suite $C_n = \int \log \|A^{(n)}(x)\|_0 \, m(dx)$ vérifie $C_{n+m} \leq C_n + C_m$, et donc que la suite $\frac{C_n}{n}$ converge.

La convergence de $\frac{1}{n} \int \log \|\overset{p}{\Lambda} A^{(n)}(x)\| m(dx)$ pour $p > 1$ s'établit de la même manière ■

Rappelons que l'on peut écrire toute matrice carrée A comme un produit $A = K_1 \Delta K_2$ avec K_1 et K_2 unitaires, Δ diagonale à éléments positifs.

Notons $\delta_1(A) \geq \delta_2(A) \geq \dots \geq \delta_d(A)$ les termes diagonaux de Δ rangés en ordre décroissant.

1.2 - Proposition

Sous les conditions de 1.1, les exposants caractéristiques λ_i sont donnés par $\lambda_i = \lim_n \frac{1}{n} \int \log \delta_i(A^{(n)}(x)) \, m(dx)$.

En particulier, on a $\lambda_1 \geq \lambda_2 \geq \dots \geq \lambda_d$.

Démonstration :

En notant encore $\| \ \|_0$ la norme d'opérateur dans l'espace euclidien, on voit que $\delta_1(A) = \|A\|_0$ et donc que :

$$\lambda_1 = \lim_n \frac{1}{n} \int \log \delta_1(A^{(n)}(x)) \, m(dx) \text{ par définition.}$$

D'autre part puisque $\overset{p}{\Lambda} A = (\overset{p}{\Lambda} K_1)(\overset{p}{\Lambda}\Delta)(\overset{p}{\Lambda} K_2)$ constitue une décomposition pour l'opérateur $\overset{p}{\Lambda} A$, nous avons $\delta_1(\overset{p}{\Lambda} A) = \delta_1(A) \dots \delta_p(A)$, et donc :

$$\lambda_1 + \dots + \lambda_p = \lim \frac{1}{n} \int (\log \delta_1(A^{(n)}(x)) + \dots + \log \delta_p(A^{(n)}(x)) \, m(dx).$$

Comme $\delta_i \leq \delta_{i-1}$, on en déduit de proche en proche que :

$$\lambda_i = \lim_n \frac{1}{n} \int \log \delta_i(A^{(n)}(x))\, m(dx) \text{ si } \lambda_i > -\infty ,$$

et que λ_i ne peut valoir $-\infty$ que si

$$\lim_n \frac{1}{n} \int \log \delta_i(A^{(n)}(x))\, m(dx) = -\infty \quad \blacksquare$$

1.3 - Corollaire

Sous les conditions de 1.1, on a :

$$\lambda_1 + \ldots + \lambda_d = \int \log |\det A(x)|\, m(dx).$$

On peut en effet écrire, que les termes soient finis ou infinis :

$$\lambda_1 + \ldots + \lambda_d = \lim_n \frac{1}{n} \int \log \left(\prod_{i=1}^{d} \delta_i \, (A^{(n)}(x)\right) m(dx)$$

$$= \lim_n \frac{1}{n} \int \log |\det A^{(n)}(x)|\, m(dx)$$

$$= \int \log |\det A(x)|\, m(dx) \quad \blacksquare$$

Remarques et références :

Un système $(X, \mathcal{Q}, m, \theta)$ est dit ergodique si tout ensemble mesurable invariant est négligeable ou de complémentaire négligeable. Nous supposerons le plus souvent dans la suite que le système de base du modèle est ergodique.

Remarquons que si la mesure m est un mélange de mesures invariantes, $m = \int m_\rho \, \mu(d\rho)$, nous avons pour les exposants $\lambda_i(m) = \int \lambda_i(m_\rho)\, \mu(d\rho)$ et que l'on peut toujours représenter toute mesure stationnaire sur $(\mathbb{R}^{dxd})^{\mathbb{N}}$ comme mélange de mesures ergodiques.

La notion d'exposant caractéristique, non pas en moyenne mais trajectoire par trajectoire est naturelle dès que l'on étudie la stabilité des solutions d'une équation différentielle ordinaire. Une bonne datation est alors l'année 1892, où paraissent les mémoires de :

A.M. LYAPOUNOV : Problème général de la stabilité du mouvement. En traduction française dans Ann. Fac. Sci. Univ. Toulouse 9 (1907) p. 203-475,

et de H. POINCARE : Méthodesnouvelles de la mécanique céleste. Paris, Gauthier-Villars (1892)

2° Théorème ergodique sous-additif

Nous allons obtenir des théorèmes de convergence presque sûre vers les exposants caractéristiques. Pour cela, nous utiliserons le théorème ergodique sous-additif sous la forme suivante :

2.1 - Théorème (Kingman 1968)

Soient $(X, \mathcal{A}, m, \theta)$ un système ergodique et f_n une suite de fonctions telles que $f_1^+ \in L^1$, $f_{n+m} \leq f_n + f_m \circ \theta^n$ et $\inf_n \frac{1}{n} \int f_n = c \geq -\infty$.
Alors $\frac{1}{n} f_n$ converge presque partout vers c.

Démonstration :

Remarquons tout d'abord que la suite $\int f_n$ est sous-additive et donc la suite $\frac{1}{n} \int f_n$ converge vers $\inf_n \frac{1}{n} \int f_n = c$.

Définissons les fonctions $\overline{f}(x)$ et $\underline{f}(x)$ par :

$$\overline{f}(x) = \limsup_n \frac{1}{n} f_n(x) \ , \ \ \underline{f}(x) = \liminf_n \frac{1}{n} f_n(x).$$

Par sous-additivité on a $\overline{f}(x) \leq \overline{f}(\theta x)$, $\underline{f}(x) \leq \underline{f}(\theta x)$ et donc ces fonctions sont presque partout égales à une constante $\overline{f}$ ou $\underline{f}$.

Le théorème est alors la conséquence immédiate des propositions 2.2 et 2.5.

2.2 - Proposition

On a $\underline{f} \geq c$.

Démonstration :

Supposons $\underline{f} > -\infty$ et choisissons $\varepsilon > 0$.

On peut trouver une fonction n(x) mesurable telle que pour presque tout x, on ait :

$$(1) \qquad f_{n(x)} \leq n(x) \, (\underline{f} + \varepsilon).$$

Pour N > 1, posons $A_N = \{n(x) \geq N\} \cap \{(1) \text{ n'est pas vraie}\}$ et définissons :

$$\tilde{f}(x) = \underline{f} \text{ sur } X \setminus A_N \qquad\qquad \tilde{n}(x) = n(x) \text{ sur } X \setminus A_N$$

$$= \max(\underline{f}, f_1) \text{ sur } A_N \qquad\qquad = 1 \quad \text{sur } A_N$$

Nous avons maintenant :

$$(2) \qquad f_{\tilde{n}(\ )} \leq \sum_{i=0}^{\tilde{n}(x)-1} (\tilde{f} + \varepsilon)(\theta^i x) \text{ partout.}$$

Nous posons alors pour tout x de X :

$$n_o(x) = 0 \qquad n_1(x) = \tilde{n}(x) \text{ et par récurrence}$$

$$n_j(x) = n_{j-1}(x) + \tilde{n}(\theta^{n_{j-1}(x)} x).$$

Pour P entier, P > N posons enfin

$$J_P(x) = \inf \{j \mid n_j(x) \geq P-N\} .$$

Par sous-additivité nous pouvons alors écrire en tout point x,

$$f_P(x) \leq \sum_{j=0}^{J_P(x)-1} f_{\tilde{n}(\theta^{n_j(x)}x)}(\theta^{n_j(x)} x) + \sum_{j=n_{J_P(x)}}^{P-1} f_1(\theta^j_x).$$

En sommant les inégalités (2) appliquées en chaque $\theta^{n_j(x)}(x)$, nous avons :

$$f_P(x) \leq \sum_{j=0}^{n_{J_P(x)}-1} (\tilde{f}+\varepsilon)(\theta^j x) + \sum_{j=n_{J_P(x)}}^{P-1} f_1(\theta^j x).$$

Comme $n_{J_P(x)} \geq P-N$ nous pouvons encore majorer :

$$f_P(x) \leq \sum_{j=0}^{P-N-1} (\tilde{f}+\varepsilon)(\theta^j x) + \sum_{j=P-N}^{P-1} (\tilde{f}^+ + f_1^+ + \varepsilon)(\theta^j x).$$

Cette relation étant vraie partout, nous avons :

$$c \leq \frac{1}{P} \int f_P \leq \frac{P-N}{P} \int (\tilde{f}+\varepsilon) + \frac{N}{P} \int (f^+ + f_1^+ + \varepsilon).$$

En faisant tendre P vers l'infini, puis N vers l'infini (et alors $\int \tilde{f} \searrow \bar{f}$ car $\max(f_1, \underline{f}) \in L^1$) et enfin ε vers zéro, nous obtenons la proposition 2.2, dans le cas où $\underline{f} > -\infty$.

Supposons maintenant $\underline{f} = -\infty$. Pour tout M on peut trouver n'(x) mesurable telle que on ait :

(1') $\qquad f_{n'(x)} \leq n'(x)\, M.$

La même démonstration permet d'établir que $c \leq M$; et ceci étant vrai pour tout M montre que $c = -\infty \leq \underline{f}$. c.q.f.d.

2.3 - <u>Lemme</u>

Si θ est une transformation préservant la mesure sur un espace de probabilité $(X, \mathcal{A}, m)$ et si $f^+ \in L^1$, $\limsup_n \frac{1}{n} f \circ \theta^n \leq 0$ partout.

Démonstration du lemme :

Soit $\delta > 0$. Nous avons :

$$\sum_{n>0} m(\frac{1}{n} f \circ \theta^n \geq \delta) = \sum_{n>0} m(f \geq n\delta) \leq \frac{1}{\delta} \int f^+ < +\infty.$$

En presque tout point, nous avons donc :

$$\limsup_n \frac{1}{n} f \circ \theta^n \leq \delta .$$

2.4 - Proposition

$$\bar{f} \leq \int f_1 .$$

Démonstration :

La démonstration est analogue à celle de la proposition 2.2 : Supposons d'abord $\bar{f} < +\infty$ et choisissons $\varepsilon > 0$.

On peut trouver une fonction $n(x)$ mesurable telle que pour presque tout x, on ait :

$$n(x)\bar{f} \leq f_{n(x)} + \varepsilon n(x).$$

Par sous-additivité nous aurons alors presque partout :

$$(3) \qquad n(x)\bar{f} \leq \sum_{i=0}^{n(x)-1} (f_1 + \varepsilon)\ (\theta^i x).$$

Posons encore $A_N = \{n(x) \geq N\} \cap \{(3) \text{ n'est pas vraie}\}$ et :

$$\tilde{f}(x) = f_1(x) \text{ sur } X \backslash A_N \qquad \tilde{n}(x) = x(x) \text{ sur } X \backslash A_N$$

$$= \max(f_1(x), \bar{f}) \text{ sur } A_N \qquad = 1 \text{ sur } A_N.$$

Nous avons maintenant :

$$\tilde{n}(x)\bar{f} \leq \sum_{i=0}^{n(x)-1} (\tilde{f}+\varepsilon)(\theta^i x).$$

Pour P entier, $P > N$, nous obtenons par le même procédé de sommation que plus haut :

$$P\bar{f} \leq \sum_{j=0}^{P-N-1} (\tilde{f}+\varepsilon)\ (\theta^j x) + \sum_{j=P-N}^{P-1} (\bar{f}^+ + \tilde{f}^+ + \varepsilon)\ (\theta^j x).$$

Nous obtenons encore en intégrant, divisant par P et passant à la limite, $\bar{f} \leq \int \tilde{f} + \varepsilon$. De nouveau, quand N tend vers l'infini $\int \tilde{f}$ décroît vers $\int f_1$, ce qui établit la proposition quand $\bar{f} < +\infty$.

Si on pouvait avoir $\bar{f} = +\infty$, cela entraînerait :

(3') $\qquad n'(x)\, M \leq f_{n'(x)} + \varepsilon n'(k)$

pour un $M > \int f_1$ et une fonction $n'(x)$ mesurable.

La même démonstration donne encore $M \leq \int f_1$, ce qui montre que $\bar{f} = +\infty$ est impossible.

2.5 - Proposition

Pour tout j entier > 0, on a $\bar{f} \leq \frac{f_j}{j}$.

Démonstration :

Posons $\bar{f}_j = \limsup_n \frac{1}{n} f_{jn}$.

Montrons d'abord que $\bar{f}_j$ est constant et égal à $j\bar{f}$, la proposition 2.4 appliquée à f_{jn} et θ^j donne alors le résultat. Nous savons que $\bar{f}_j \leq j\bar{f}$ car la limite est prise sur une sous-suite.

D'autre part, la sous-suite qui réalise $\bar{f}$ a une infinité d'éléments dans l'un des $\mathbb{Z}j + k$, $0 \leq k < j$ et donc :

$$j\bar{f} \leq \sup_{0\leq k<j} \bar{f}_j \circ \theta^k .$$

Par sous-additivité nous savons encore que :

$$\frac{1}{n} f_{(n+1)j} \leq \frac{1}{n} f_1 + \frac{1}{n} (f_{jn} \circ \theta) + \frac{1}{n}(f_{j-1} \circ \theta^{jn+1})$$

et donc en passant à la limite supérieure et utilisant le lemme 2.3, $\bar{f}_j \leq \bar{f}_j \circ \theta$.

Ces relations ne sont compatibles que si $\bar{f}_j$ est constante et égale à $j\bar{f}$ et ceci achève la démonstration de la proposition 2.5 et du théorème.

En rassemblant les résultats des deux premiers paragraphes, nous obtenons :

2.6 - Théorème

Soient $(X, \mathcal{A}, m, \theta)$ un système ergodique, A une application mesurable dans les matrices réelles dxd telle que $\int \log^+ ||A(x)||\, m(dx) < \infty$.
Formons $A^{(n)}(x) = A(\theta^{n-1}x) \ldots A(x)$.
Si $\lambda_1 \geq \lambda_2 \geq \ldots \geq \lambda_d$ désignent les exposants caractéristiques de la suite $A_n(x) = A(\theta^n x)$

$$\left[\begin{array}{l} \frac{1}{n} \log \|\overset{p}{\Lambda} A^{(n)}(x)\| \to \lambda_1 + \ldots + \lambda_p \quad m \quad p.s. \\ \text{et } \frac{1}{n} \log \quad \delta_i(A^{(n)}(x)) \to \lambda_i \quad m \quad p.s. \end{array}\right.$$

Remarques et références :

Le théorème 2.1 est une application du théorème de Kingman.

J.F.C. Kingman : The ergodic theory of subadditive processes. J. Royal Statist. Soc. B.30 (1968) p. 499-510.

J.F.C. Kingman : Subadditive processes. Ecole d'été de Probabilités de Saint-Flour Lect. Notes in maths n° 539 - Springer - Berlin (1976).

Sous la forme donnée ici,une autre démonstration est dans :

Y. Derriennic : Sur le théorème ergodique sous-additif. C.R.A.S. Paris 281 A(1975) 985-988.

Nous avons suivi un article récent :

Y. Katznelson and B. Weiss : A simple proof of some ergodic theorems. Israël J. of maths (1982).

Le théorème 2.6 de Fürstenberg et Kesten, présenté ici comme une conséquence du théorème sous-additif, est en fait antérieur :

H. Fürstenberg and H. Kesten : Products of random matrices. Ann. Math. Stat. 31 (1960) 457-469.

Dans le cas d'une système non ergodique, 2.1 dit que l'ensemble de convergence presque sûre est de mesure 1 pour toute mesure de probabilité ergodique, et donc pour toute mesure invariante. (On ne considère que la loi de la famille dénombrable $f_n \circ \theta^m$ $m, n \geq 0$ de variables aléatoires réelles).

Le théorème ergodique ponctuel correspond bien sûr au cas particulier d'une suite f_n additive, où à la fois les suites f_n et $-f_n$ sont sous-additives.

3° Théorème ergodique multiplicatif

En fait, les exposants caractéristiques introduits en 1° décrivent des taux de croissance de normes de $A^{(n)}(x)v$ pour certains vecteurs v de $\mathbb{R}^d$. Le théorème ergodique multiplicatif précise ce comportement.

3.1 - Théorème

Soient $(X, \mathcal{Q}, m ; \theta)$ un système ergodique, A une application mesurable de X dans $\mathcal{G}L(d,\mathbb{R})$, telle que les variables

$\log||A(x)||$ et $\log||A^{-1}(x)||$ sont intégrables.

Il existe un ensemble B, mesurable, tel que $\theta^{-1}B \subseteq B$, $m(B)=1$ et si x appartient à B, il existe une filtration de R^d en sous-espaces vectoriels :

$$\mathbb{R}^d = V_x^r \supset V_x^{r-1} \supset \dots\dots \supset V_x^1 \supset V_x^o = \{0\} \text{ telle que :}$$

i) l'application $x \to V_x^j$ est mesurable

ii) $A(x)V_x^j = V_{\theta x}^j$

iii) Il existe des nombres positifs $\mu_1 < \mu_2 < \dots < \mu_r$ tels que

pour $1 \leq j \leq r$

$v \in V_x^j \setminus V_x^{j-1}$ si et seulement si

$$\lim_{n\to+\infty} \frac{1}{n} \log ||A_x^{(n)}v|| = \log \mu_j .$$

La suite des $\log \mu_j$, répétés chacun avec la multiplicité $\dim V_x^j - \dim V_x^{j-1}$, et ordonnée en décroissant est la suite des exposants caractéristiques.

Ce paragraphe est consacré à la démonstration du théorème 3.1.

Ecrivons la décomposition de $A^{(n)}(x)$ sous la forme $A^{(n)}(x) = L_n(x)\,\Delta_n(x)\,K_n(x)$ avec $\Delta_n(x)$ matrice diagonale dont les éléments non nuls $\delta_i(A^{(n)}(x))$ sont rangés en ordre décroissant.

La démonstration consiste à montrer que si x appartient à un certain ensemble mesurable B, les matrices $(A^{(n)*}(x)\,A^{(n)}(x))^{1/2n}$ convergent vers une matrice symétrique Λ_x.

Les μ_j seront alors les valeurs propres de Λ_x et les espaces V_x^j la somme des sous-espaces propres de Λ_x correspondant aux valeurs propres inférieures à μ_j. Les estimations sont alors suffisantes pour établir iii).

Soit B_0 l'ensemble de convergence dans le théorème 2.6. B_0 est un ensemble invariant mesurable de mesure 1 et si x appartient à B_0,

(1) $\frac{1}{n} \log \delta_i(A^{(n)}(x)) \to \lambda_i$ quand n tend vers l'infini.

Soit B l'ensemble suivant :

$$B = B_0 \cap \{\lim_n \frac{1}{n} \log||A(\theta^n(x)|| = 0\}$$

$$\cap \{\lim_n \frac{1}{n} \log||A^{-1}(\theta^n x)|| = 0\} .$$

L'ensemble B est mesurable, invariant.

On a m(B) = 1 par le lemme 2.3 et :

3.2 - Proposition

Soient x dans B et $\delta > 0$. Il existe un entier N tel que si $n \geq N$, $k \geq 0$ et si $u_{i,j}^{n,k}$ désigne le terme général de la matrice $K_n K_{n+k}^*$, on a :

$$|u_{i,j}^{n,k}| \leq e^{-n|\lambda_i - \lambda_j|} e^{2n\delta} .$$

Nous montrons d'abord que la proposition 3.2 entraîne le théorème 3.1. D'abord comme $|\det A| \geq \frac{1}{||A^{-1}||^d}$, les exposants caractéristiques sont tous finis et d'après (1) si $x \in B$, nous avons $\Delta_n^{\frac{1}{n}}(x)$ converge vers une matrice fixe Δ quand n tend vers l'infini. Fixons donc x dans B. Nous voulons montrer que $(A^{(n)*}(x) A^{(n)}(x))^{\frac{1}{2n}}$, qui est donnée par $K_n^*(x) \Delta_n^{\frac{1}{n}}(x) K_n(x)$ converge.

Soit K_x un point d'accumulation de la suite de matrices unitaires $K_n(x)$ et posons $\Lambda_x = K_x^* \Delta K_x$. La matrice Λ_x est un point d'accumulation de la suite $(A^{(n)*}(x) A^{(n)}(x))^{\frac{1}{2n}}$.

D'après 3.2 si K'_x est un autre point d'accumulation de la suite $K_n(x)$, le terme général $U_{i,j}$ de $K_x K'^*_x$ est nul si $\lambda_i \neq \lambda_j$. Cela entraîne que $K_x K'^*_x$ commutte avec Δ et donc que :

$$\Lambda_x = K_x^* \Delta K_x = K'^*_x \Delta K'_x .$$

La suite $(A^{(n)*}(x)\ A^n(x))^{\frac{1}{2n}}$ est donc telle que toute sous suite admet une sous-suite convergeant vers Λ_x. Il y a bien la convergence annoncée.

Les valeurs propres μ_j de Λ_x et leurs multiplicités sont celles de Δ et sont donc bien données par la suite des exponentielles des exposants caractéristiques. Les espaces V_x^j annoncés sont alors donnés par $K_x^* U^j$, où U^j désigne le sous-espace de $\mathbb{R}^d$ engendré par les sous-espaces propres de Δ de valeurs propres inférieures à μ_j.

Donc tout vecteur v de $V_x^j \ominus V_x^{j-1}$ est de la forme $v = K_x^* u$ pour un u vérifiant :

$$\begin{cases} u = u_s & s = 1,\dots, d \qquad \sum |u_s|^2 \neq 0 \\ u_s = 0 & \text{si } \lambda_s \neq \log \mu_j. \end{cases}$$

Montrons alors que pour v dans $V_x^j \ominus V_x^{j-1}$ $\frac{1}{n} \log ||A^{(n)}(x)\ v||$ tend vers $\log \mu_j$.

Nous avons :

$$||A^{(n)}(x)\ v||^2 = (\Delta_n^2(x)\ K_n(x)\ K_x^*\ u,\ K_n(x)\ K_x^*\ u)$$

$$= \sum_k \delta_k^2\ (A^{(n)}(x))\,|\sum_s u_{k,s}^n\ \ u_s|^2$$

en notant $u_{k,s}^n$ le terme général de $K_n(x)\ K_x^*$.

Comme $u_s = 0$ sauf si $\lambda_s = \log \mu_j$, et comme d'après 3.2 et (1), nous avons, pour n grand :

si $\lambda_k > \lambda_s$ $\quad |u_{k,s}^n| \leq e^{n(\lambda_s - \lambda_k)}\ e^{2n\delta}$ et $\delta_k(A^{(n)}(x)) \leq e^{n\lambda_k}\ e^{n\delta}$

et si $\lambda_k \leq \lambda_s$ $\quad \delta_k(A^{(n)}(x)) \leq e^{n\lambda_s}\ e^{n\delta}$,

il vient :

$$\limsup_n \frac{1}{n} \log ||A^{(n)}(x)\ v|| \leq \lambda_s = \log \mu_j .$$

D'autre part en ne comptant que les valeurs de k avec $\lambda_k = \lambda_s = \log \mu_j$,

$$||A^{(n)}(x)v||^2 \geq e^{2n\lambda_s}\ e^{-2n\delta} \sum_k (|\sum_{\lambda_s=\lambda_k} u_{k,s}^n\ u_s|^2)$$

$$\text{et } \sum_k \Big| \sum_{s,} \sum_{\lambda_s = \lambda_k} u^n_{k,s}\, u_s \Big|^2 \geq ||u||^2 - \sum_k \Big|_s \sum_{\lambda_s \neq \lambda_k} u^n_{k,s}\, u_s \Big|^2$$

$$\geq \frac{1}{2} ||u||^2 \quad \text{pour n assez grand.}$$

D'où $\liminf_n \frac{1}{n} \log ||A^{(n)}(k)\ v|| \geq \log \mu_j$.

La propriété étant vraie pour tout j $j=1,..,r$ établit la caractérisation iii/ des sous-espaces V_x^j.

Les propriétés i/ et ii/ suivent immédiatement de cette caractérisation. Reste à montrer la proposition 3.2.

Notons $\rho = \inf\{|\lambda_i - \lambda_j|,\ \lambda_i \neq \lambda_j\}$ et si $\rho > 0$, choisissons un entier M tel que $M\rho \geq 2 \log 4d$. (Si $\rho = 0$, la proposition 3.2 est immédiate).

3.3 - Lemme

Soient x un point de B et $\delta > 0$. Il existe N_1 tel que si $n \geq N_1$ et $u^{n,k}_{i,j}$ désigne le terme général de la matrice $K_n K^*_{n+k}$, on a , si $k \leq M$,

(3) $$|u^{n,k}_{i,j}| \leq e^{-n|\lambda_i - \lambda_j|}\, e^{n\delta}.$$

Démonstration :

Choisissons N_1 assez grand pour que pour tout $1 \leq k \leq M$ et $n \geq N_1$, on ait à la fois :

$$||A^{(k)}\ (\theta^n x)|| \leq e^{\frac{n\delta}{5}},\quad ||A^{(k)}(\theta^n x)^{-1}|| \leq e^{\frac{n\delta}{5}}$$

$$|\lambda_i| \leq \frac{n\delta}{5M},\quad |\log \delta_i(A^{(n)}(x)) - n\,\lambda_i| \leq \frac{n\delta}{5} \quad \text{pour } i=1,\dots,d.$$

Nous pouvons écrire l'identité $A^{(n+k)}(x) = A^{(k)}(\theta^n x)\ A^{(n)}(x)$ sous la forme suivante, en omettant la variable x :

$$A^{(k)}.\ \theta^n L_n\ \Delta_n K_n = L_{n+k}\ \Delta_{n+k} K_{n+k}.$$

D'où l'on déduit :

$$K_{n+k} K^*_n = \Delta^{-1}_{n+k}\ (L^*_{n+k}\ A^{(k)}.\ \theta^n\ L_n)\ \Delta_n$$

et $$K_n K^*_{n+k} = \Delta^{-1}_n\ (L^*_n (A^{(k)}.\theta^n)^{-1}\ L_{n+k})\ \Delta_{n+k}\ .$$

Le terme général de $L^*_{n+k}\ A^{(k)}\ .\ \theta^n\ L_n$ est majoré par $||A^{(k)} o\ \theta^n||$, donc par $e^{\frac{n\delta}{5}}$ pour $n \geq N_1$. Il vient donc, en transposant,

$$|u^{n,k}_{i,j}| \leq (\delta_j(A^{(n+k)}(x))^{-1}\ \delta_i(A^{(n)}(x))\ e^{\frac{n\delta}{5}}$$

ce qui donne (3) quand $\lambda_i \leq \lambda_j$.

La deuxième relation donne de même (3) pour les i,j avec $\lambda_i \geq \lambda_j$

Pour $1 \leq i \leq d$, notons r_i le nombre d'exposants distincts supérieurs ou égaux à λ_i.

3.4 - Lemme

Soient x un point de B et δ , $0 < \delta \leq \frac{\rho}{4d}$.

Il existe N_2 tel que si $n \geq N_2$, on a pour tout $k \geq 0$

(4) $$|u^{n,k}_{i,j}| \leq e^{-n|\lambda_i - \lambda_j|}\ e^{2|r_i - r_j|\ n\delta} .$$

Démonstration :

Choisissons N_2 plus grand que N_1 donné par le lemme 3.3 et tel que $4d\ e^{-N_2\delta} \leq 1$. Nous allons établir (4) par récurrence sur la partie entière de $\frac{k-1}{M}$

En effet le lemme 3.3 montre (4) pour tout $n \geq N_2$ et $1 \leq k \leq M$.

En écrivant que :

$$K_n\ K^*_{n+k+M} = K_n\ K^*_{n+M}\quad K_{n+M}\ K^*_{n+k+M},$$

nous allons montrer que si (4) est vraie pour tout $n \geq N_2$ et k, (4) est encore vraie pour tout $n \geq N_2$ et k+M.

Nous avons en effet :

(5) $$u^{n,k+M}_{p,q} = \sum_i u^{n,M}_{p,i}\quad u^{n+M,k}_{i,q} .$$

Reportons dans (5) les inégalités en séparant les valeurs de i pour lesquelles respectivement $\lambda_i = \lambda_p$, $\lambda_i = \lambda_q$ et les autres :

$$\begin{aligned}|u^{n,k+M}_{p,q}| &\leq d\ \ e^{-(n+M)|\lambda_p - \lambda_q|}\ e^{2(n+M)|r_p - r_q|\delta}\\ &+\ d\ \ e^{-n|\lambda_p - \lambda_q|}\ e^{n\delta}\\ &+ \sum_{i\ \lambda_i \neq \lambda_p, \lambda_q} e^{-n|\lambda_i - \lambda_p|}\ e^{-(n+M)|\lambda_i - \lambda_q|}\ e^{n\delta}\ e^{2(n+M)|r_i - r_q|\delta}\end{aligned}$$

Si λ_i est compris entre λ_p et λ_q, nous pouvons écrire :

$$|\lambda_i - \lambda_p| + |\lambda_i - \lambda_q| = |\lambda_p - \lambda_q| \quad \text{et} \quad |r_i - r_q| \leq |r_p - r_q| - 1 .$$

Si λ_i n'est pas compris entre λ_p et λ_q, alors

$$|\lambda_i - \lambda_p| + |\lambda_i - \lambda_q| \geq |\lambda_p - \lambda_q| + \rho \quad \text{et} \quad |r_i - r_q| \leq |r_p - r_q| + d - 1.$$

Nous trouvons finalement :

$$|u^{n,k+M}_{p,q}| \leq e^{-n|\lambda_p - \lambda_q|} e^{2n\delta |r_p - r_q|} . C$$

avec une estimation pour C donnée par :

$$C \leq d\ e^{-M\rho}\ e^{2Md\delta} + d\ e^{-N_2\delta} + d\ e^{-M\rho}\ e^{2Md\delta}$$
$$+ d\ e^{-n\rho} e^{-M\rho} e^{2Md\delta}\ e^{2nd\delta}.$$

Nous avons $C \leq 3d\ e^{-\frac{M\rho}{2}} + \frac{1}{4}$ par notre choix de δ et de N_2, et finalement $C \leq 1$ par notre choix de M.

Ceci montre donc le lemme 3.4 et la proposition 3.2 est une reformulation de 3.4.

Nous utiliserons parfois du théorème 3.1 seulement le résultat partiel suivant :

3.5 - Corollaire

Sous les conditions du théorème 3.1, il existe un ensemble B invariant de mesure 1, tel que si x appartient à B, $\frac{1}{n} \log ||A^{(n)}(x)\ v||$ converge pour tout v non nul de $\mathbb{R}^d$ et les limites possibles sont exactement les exposants caractéristiques.

Remarques et références :

Le théorème 3.1 constitue une partie du théorème d'Osseledets :

V.I. Oseledeč : A multiplicative ergodic theorem, Ljapunov characteristic numbers for dynamical systems, Trans. Moscow Math. Soc. 19 (1968) 197 - 231.

La démonstration donnée ici suit :

M.S. Raghunathan : A proof of Oseledec' multiplicative ergodic theorem. Israël J. Maths 32 (1979) 356.

D. Ruelle : Ergodic theory of differentiable dynamical systems. Publ. math. de l'IHES, 50 (1979) 27-58.

En fait l'hypothèse $\log \|A^{-1}(x)\|$ intégrable n'est pas nécessaire. Si en effet nous avons seulement $\log \|A(x)\|$ intégrable, nous ne pouvons utiliser que la relation :

$$K_{n+k} K_n^* = \Delta_{n+k}^{-1} (L_{n+k}^* A^{(k)} \circ \theta^n L_n) \Delta_n .$$

La même démonstration nous donne alors que sous les conditions de 3.2, nous avons pour n assez grand et pour tout k :

$$|u_{i,j}^{n,k}| \leq e^{-n(\lambda_i - \lambda_j)} e^{2n\delta} \text{ pour } i \geq j$$

autrement dit : $|u_{i,j}^{n,k}| \leq e^{-n(\lambda_i - \lambda_j)^+} e^{2n\delta}$

(En remplaçant éventuellement les λ_j valant $-\infty$ par $-\frac{1}{\delta}$).

On en déduit la proposition 3.2 en remarquant que comme $K_n K_{n+k}^*$ est unitaire, les termes $u_{i,j}^{n,k}$ $i < j$ sont donnés par leurs cofacteurs B_{ij} et que

$$|B_{ij}| \leq \sum_{i_k, j_k} \prod_k |u_{i_k, j_k}|$$

où la somme porte sur toutes les suites (i_k, j_k) avec les $i_k(j_k)$ deux à deux distincts et différents de $i(j)$. En particulier $\sum_k \lambda_{i_k} + \lambda_i = \sum_k \lambda_{j_k} + \lambda_j$ et $\sum_k (\lambda_{i_k} - \lambda_{j_k}) = \lambda_j - \lambda_i$.

Nous avons bien

$$|B_{ij}| \leq \sum_{i_k, j_k} e^{2n(d-1)\delta} e^{-n\sum_k(\lambda_{i_k} - \lambda_{j_k})^+}$$

$$\leq (d-1)!\, e^{2n(d-1)\delta} e^{-n(\lambda_j - \lambda_i)} .$$

D'où la proposition 3.2 suit.

Cet énoncé peut se généraliser alors en dimension infinie. Il est possible de le démontrer si on suppose qu'il n'y a qu'un nombre fini d'exposants positifs ou nuls et certaines hypothèses :

D. Ruelle : Characteristic exponents and invariant manifolds in Hilbert space, Annals of Math, 115, (1982) 243-290.

R. Mañé : Lyapunov exponents and stable manifolds for compact transformation, prétirage.

Enfin l'extension de 3.1 au cas non ergodique est immédiate. Remarquons en effet que l'ensemble B du théorème 3.1 est défini comme un certain ensemble de convergence, qui est de mesure 1 pour toute mesure ergodique.

L'ensemble B pour lequel il existe une filtration avec les propriétés 3.1 i/ ii/ iii/ est donc de mesure un pour toute mesure invariante. Les quantités $r(x)$, $\mu_j(x)$ $1 \leq j \leq r(x)$ sont alors des fonctions invariantes.

4° Cas inversible

Dans ce paragraphe, nous supposerons que la transformation θ est inversible et que son inverse θ^{-1} est mesurable. La transformation θ^{-1} préserve encore la mesure m.

Si A est une application mesurable de K dans $\mathcal{G}L(d, \mathbb{R})$, nous allons considérer la famille $A^{(-1)}(x) = A^{-1}(\theta^{-1}x)$ et nous noterons :

(1) $$A^{(-n)}(x) = A^{(-1)(n)} = A^{-1}(\theta^{-n}x)\dots A^{-1}(\theta^{-1}x).$$

Remarquons qu'avec cette notation, si $A^{(0)} = \mathrm{Id}$ nous avons :

$$A^{(m+n)}(x) = A^{(m)}(\theta^n x)\, A^{(n)}(x),$$

pour tous m, n de $\mathbb{Z}$.

4.1 - Proposition

Si $\lambda_1 \geq \lambda_2 \geq \dots \geq \lambda_d$ sont les exposants caractéristiques de la famille $(X, \mathcal{A}, m, \theta, A)$, les exposants caractéristiques de la famille $(X, \mathcal{A}, m, \theta^{-1}, A^{(-1)})$ sont $-\lambda_d \geq -\lambda_{d-1} \geq \dots \geq -\lambda_1$.

En effet d'après la formule (1) $A^{(-n)}(x) = (A^{(n)}(\theta^{-n}x))^{-1}$ et donc

$$\delta_i(A^{(-n)}(x)) = \delta_{d-i+1}^{-1}(A^{(n)}(\theta^{-n}x))$$

et 4.1 suit alors de la proposition 1.2 ■

4.2 - Théorème

Soient $(X, \mathcal{A}, m)$ un espace probabilisé, θ une transformation mesurable ainsi que son inverse θ^{-1}, préservant la mesure m et ergodique, A une application mesurable de X dans $\mathcal{G}L(d, \mathbb{R})$ avec $\log \|A(x)\|$ et $\log \|A^{-1}(x)\|$ intégrables.

Il existe un ensemble $B \subset X$, mesurable invariant $m(B) = 1$ et pour tout x dans B une décomposition de $\mathbb{R}^d = \bigoplus_{i=1}^{r} W_x^i$ avec :

i) $x \to W_x^i$ est mesurable

ii) $A(x)\, W_x^i = W_{\theta x}^i$

iii) $v \in W_x^i \iff \frac{1}{n} \log \|A^{(n)}(x)v\| \to \log \mu_i$

quand $n \to +\infty$ et quand $n \to -\infty$.

$$\text{où } A^{(n)}(x) = A(\theta^{n-1}x) \ldots\ldots A(\theta x)\, A(x) \qquad \text{pour } n > 0$$
$$= A^{-1}(\theta^{-n}x)\ldots\ A^{-1}(\theta^{-1}x) \qquad \text{pour } n < 0.$$

Démonstration :

En appliquant le théorème 3.1 aux deux familles $(X, \mathcal{Q}, m, \theta, A)$ et $(X, \mathcal{Q}, m, \theta^{-1}, A^{(-1)})$, nous obtenons deux ensembles B_1 et B_2 mesurables invariants et sur $B_1 \cap B_2$ deux décompositions mesurables invariantes de R^d :

$$\{0\} \subset V_x^1 \subset V_x^2 \subset \ldots\ldots \subset V_x^r = \mathbb{R}^d$$

et
$$\{0\} \subset U_x^r \subset U_x^{r-1} \subset \qquad \subset U_x^1 = \mathbb{R}^d$$

telles que :

$$v \in V_x^j \Longleftrightarrow \limsup_{n\to+\infty} \frac{1}{n} \log ||A^{(n)}(x)\, v|| \leq \log \mu_j$$

$$v \in U_x^j \Longleftrightarrow \limsup_{n\to-\infty} \frac{1}{|n|} \log||A^{(n)}(x)\, v|| \leq -\log \mu_j.$$

Nous avons alors les deux propriétés suivantes :

1° $\dim U_x^{j+1} + \dim V_x^j = d$ pour tout j, $0 \leq j < d$ car par définition et d'après la proposition 4.1, $\dim U_x^{j+1}$ est le nombre d'exposants $> \log \mu_j$ et $\dim V_x^j$ est le nombre d'exposants $\leq \log \mu_j$.

2° $U_x^{j+1} \cap V_x^j = \{0\}$ pour tout $0 \leq j < d$ car c'est un sous-espace invariant et si v appartient à $U_x^{j+1} \cap V_x^j$, $v = A^{(-n)}(\theta^n x)\, A^{(n)}(x) v$ et donc :

$$||v|| \leq \mu_{j+1}^{-n}\ e^{n\varepsilon_n(\theta^n x)}\ \mu_j^n\ e^{n\,\varepsilon'_n(x)}\ ||v||$$

avec $\varepsilon_n(\theta^n x)$ et $\varepsilon'_n(x)$ tendant vers zéro en probabilité ; ce qui est impossible si $||v|| \neq 0$.

Il s'ensuit que en posant $W_x^j = V_x^j \cap U_x^j$, nous définissons une décomposition mesurable invariante de $\mathbb{R}^d$ et si v est un vecteur non nul de W_x^j, nous avons

$$\lim_{n\to+\infty} \frac{1}{n} \log||A^{(n)}(x)\, v|| = \log \mu_j$$

car v est un vecteur de V_x^j mais pas de V_x^{j-1} par la propriété 2° et de même :

$$\lim_{n\to-\infty} \frac{1}{-n} \log ||A^{(n)}(x)\, v|| = -\log \mu_j \ \blacksquare$$

Soient une famille $(X, \mathcal{Q}, m, \theta, A)$ avec la fonction $\log^+ ||A(x)||$ intégrable et $1 \leq p \leq d$.

Si nous considérons la famille $(X, \mathcal{Q}, m, \theta, \overset{p}{\Lambda} A)$ nous avons

$$\overset{p}{\Lambda} A^{(n)} = (\overset{p}{\Lambda} L_n)(\overset{p}{\Lambda} \Delta_n)(\overset{p}{\Lambda} K_n).$$

Les exposants caractéristiques de la famille $\overset{p}{\Lambda} A$ sont donc donnés par les sommes $\sum_{j=1}^{p} \lambda_{i_j}$ pour chaque suite i_j $1 \leq i_1 < i_2 < \ldots < i_p \leq d$.

Un même exposant peut être obtenu ainsi par plusieurs combinaisons. La limite des $((\overset{p}{\Lambda} A^{(n)})^* (\overset{p}{\Lambda} A^{(n)})^{\frac{1}{2n}}$ considérée dans la démonstration de 3.1 est l'opérateur $\overset{p}{\Lambda} \Lambda$. Comme les sous-espaces V_x de la filtration définie au théorème 3.1 sont construits à partir de cette limite, il est facile de vérifier que si $\mu_{j,p}$ est un exposant de la famille $\overset{p}{\Lambda} A$, le sous espace $V_x^{j,p}$ de $\overset{p}{\Lambda} E$ associé à $\mu_{j,p}$ par le théorème 3.1 est le sous-espace engendré par les éléments de la forme $v_1 \wedge \cdots \wedge v_p$, $v_i \in V_x^{j_i}$, $\prod_{i=1}^{p} \mu_{j_i} \leq \mu_{j,p}$.

Supposons maintenant θ inversible et soit $\mu_{j,p}$ un exposant de la famille $(X, \mathcal{Q}, m, \theta, \overset{p}{\Lambda} A)$.

Montrons que le sous-espace $W_x^{j,p}$ correspondant est le sous-espace engendrée par les :

$$u_1 \wedge u_2 \wedge \cdots \wedge u_p \qquad u_i \in W_x^{j_i}, \quad \prod_{i=1}^{p} \mu_{j_i} = \mu_{j,p}.$$

En effet d'après ce qui précède, nous savons que $u_1 \wedge u_2 \wedge \cdots \wedge u_p$ appartient à $V_x^{j,p}$ et à $U_x^{j,p}$ et donc à $W_x^{j,p}$ par définition.

Mais d'autre part la dimension de $W_x^{j,p}$ est donnée par la multiplicité de $\mu_{j,p}$ et nous avons suffisamment de vecteurs indépendants de la forme annoncée.

Cette propriété a de multiples conséquences. Par exemple :

4.3 - Proposition

Sous les hypothèses de 4.2 soient $\log \mu_j$ un exposant caractéristique, W_x^j le sous-espace associé et $\det_j(x)$ le déterminant de la restriction de A à W_x^j. Alors :

$$\dim W_x^j \log \mu_j = \int \log |\det_j(x)| \; m(dx).$$

Posons $p_j = \dim W_x^j$. Nous savons que $\Lambda^{p_j} W_x^j$ est un vecteur unidimensionnel invariant de la décomposition 3.1 de $\Lambda^{p_j} A(x)$ et correspondant à l'exposant $p_j \log \mu_j$.

Nous avons $\lim_{n\to\pm\infty} \frac{1}{n} \log||(\Lambda^{p_j} A^{(n)}(x))(\Lambda^{p_j} W_x^j)|| = p_j \log \mu_j$ et l'action de $\Lambda^{p_j} A(x)$ sur $(\Lambda^{p} W_x^j)$ est la multiplication par $\det_j(x)$.

Nous avons donc :

$$p_j \log \mu_j = \lim_{n\to\pm\infty} \frac{1}{n} \log \prod_{i=0}^{n-1} |\det_j(\theta^i x)| = \int \log |\det_j(x)| \, m(dx)$$

par le théorème ergodique.

De même :

4.4 - Proposition

Sous les hypothèses de 4.2, notons $E_x^u(E_x^s)$ le sous-espace de R^d engendré par les W_x^j associés à des $\mu_j > 1$ (< 1) et $\mathcal{J}_u(x)$ $\mathcal{J}_s(x)$ le déterminant de $A(x)$ restreint à $E_x^u(E_x^s)$. Nous avons :

$$\sum_i \lambda_i^+ = \log |\mathcal{J}_u(x)| \, m(dx)$$

$$\sum_i \lambda_i^- = \log |\mathcal{J}_s(x)| \, m(dx).$$

(en prenant $\mathcal{J}_u(\mathcal{J}_s) = 1$ si $E^u(E^s)$ est réduit à $\{0\}$).

C'est la même vérification que 4.3.

4.5 - Proposition

Sous les hypothèses de 4.2, soient u un vecteur de W_x^i et v un vecteur de W_x^j, $i \neq j$:

$$\frac{1}{n} \log \frac{||A^{(n)}(x) u \wedge A^{(n)}(x) v||}{||A^{(n)}(x)u|| \; ||A^{(n)}(x)v||} \to 0$$

m presque sûrementquand n tend vers l'infini.

En effet $u_\Lambda v$ appartient à $\omega_x^i \wedge \omega_x^j$ qui est inclus dans le sous-espace invariant associé à $\log \mu_i + \log \mu_j$ et :

$$\lim_n \frac{1}{n} \log ||A^{(n)}(x) u \wedge A^{(n)}(x) v|| =$$

$$\lim_n \frac{1}{n} \log ||\Lambda^2 A^{(n)}(x) (u_\Lambda v)|| = \log \mu_i + \log \mu_j. \text{ etc...}$$

Remarques et références :

Le théorème 4.2 se généralise facilement à un "cocycle"

$$(X, \mathcal{A}, m, \theta_t, t \in \mathbb{R}, A^{(t)})$$

où θ_t est une action de $\mathbb{R}$ sur $(X, \mathcal{A}, m)$ telle que l'application $(t,x) \to \theta_t x$ est mesurable et préserve m et $A^{(t)}$ est une application mesurable de $X \times \mathbb{R}$ dans $\mathcal{G}L(d,\mathbb{R})$ telle que :

$$A^{(t+s)}(x) = A^{(t)}(\theta_x^s)\, A^{(s)}(x).$$

On interprète parfois 4.5 et les résultats analogues de la manière suivante.

Pour deux sous-espaces E_1 et E_2 de $\mathbb{R}^2$, on pose :

$$\alpha(E_1, E_2) = \inf\left\{\frac{||u_1 \wedge u_2||}{||u_1||\ ||u_2||} \,\middle|\, u_1 \in E_1,\ u_2 \in E_2\right\} \ ;$$

$\alpha(E_1, E_2)$ représente le "sinus de l'angle" entre les deux sous-espaces.

On déduit de 4.5 que sous les hypothèses de 4.2, si $j_1 \neq j_2$,

$$\frac{1}{n} \log \alpha(W^{j_1}_{\theta^n x}, W^{j_2}_{\theta^n x})$$ tend vers 0 quand n tend vers l'infini :

l'angle entre les sous-espaces invariants ne décroît pas exponentiellement vers 0 le long des orbites.

L'ensemble de ces résultats constitue le théorème d'Osseledets (voir référence paragraphe 3).

5° Mesures invariantes

Considérons l'espace $\mathbb{P}^{d-1}$ des directions de $\mathbb{R}^d$. C'est l'espace quotient de $R^d \setminus \{0\}$ par la relation d'équivalence : $u \sim v$ s'il existe λ réel tel que $u = \lambda v$. Si A est un opérateur linéaire de $\mathbb{R}^d$ dans $\mathbb{R}^d$, il préserve la relation $\sim$ et nous noterons encore A l'action quotient de cet opérateur sur $\mathbb{P}^{d-1}$.

Soient $(X, \mathcal{Q}, m, \theta)$ un système dynamique ergodique, θ inversible et A une application mesurable de X dans $\mathcal{G}L(d,\mathbb{R})$ telle que les fonctions $\log||A(x)||$ et $\log||A^{-1}(x)||$ soient intégrables. Définissons sur $X \times P^{d-1}$ la transformation $\hat{\theta}$ par :

$$\hat{\theta}(x, \dot{u}) = (\theta x, A(x)\dot{u}).$$

5.1 - Proposition

Soit F la fonction sur $X \times P^{d-1}$ définie par $F(x,\dot{u}) = \log \frac{||A(x)u||}{||u||}$.
Pour toute mesure de probabilité $\hat{m}$ $\hat{\theta}$ invariante et ergodique sur $X \times P^{d-1}$, se projetant en m sur X, il existe j $1 \leq j \leq r$ tel que :

i/ $\int F(x,\dot{u})\, \hat{m}(dx,d\dot{u}) = \log \mu_j$

ii/ la mesure $\hat{m}$ est portée par l'ensemble des $(x,\dot{u})$ vérifiant $u \in W_x^j$.

Inversement pour tout j, $1 \leq j \leq r$, il existe au moins une telle mesure.

Démonstration :

Remarquons tout d'abord que :

$$\sum_{i=0}^{n-1} F \circ \hat{\theta}^i(x,\dot{u}) = \log \frac{||A^{(n)}(x)u||}{||u||}$$ et que la mesure $\hat{m}$ étant ergodique et la fonction $F(x,\dot{u})$ intégrable nous avons :

$$\frac{1}{n} \sum_{i=0}^{n-1} F \circ \hat{\theta}^i(x,\dot{u}) \to \int F\, d\hat{m}$$ $\hat{m}$ presque sûrement quand n tend vers l'infini.

D'après 3.5 cela impose qu'il existe j avec $1 \leq j \leq r$, $\int F\, d\hat{m} = \log \mu_j$ et $u \in V_x^j \setminus V_x^{j-1}$ $\hat{m}$ presque sûrement.

De même en remarquant que

$$\sum_{i=1}^{n} F \circ \hat{\theta}^{-i}(x,\dot{u}) = \log \frac{||u||}{||A^{(-n)}(x)u||},$$

nous avons encore la convergence de :

$$\frac{1}{n} \log||A_x^{(-n)}u|| \text{ vers } - \int F \, d\hat{m} = - \log \mu_j$$

quand n tend vers l'infini. Nous avons donc $u \in U_x^j \setminus U_x^{j+1}$ $\hat{m}$ presque sûrement. Par définition de W_x^j, $u \in W_x^j$ presque sûrement.

Inversement, nous considérons l'espace de Banach séparable $C(\mathbb{P}^{d-1})$ des fonctions continues sur $\mathbb{P}^{d-1}$, muni de la norme uniforme. Le dual fort de l'espace $L^1(X, m, C(\mathbb{P}^{d-1}))$ est l'espace $L^\infty(X, m, M(\mathbb{P}^{d-1}))$ des classes d'applications scalairement mesurables de X dans l'espace vectoriel topologique des mesures sur $\mathbb{P}^{d-1}$ muni de la convergence faible. (cf Bourbaki L VI Intégration chapitre 6 § 2 proposition 10. Hermann Paris (1959)).

Le sous-ensemble M_j de $L^\infty(X, m, M(P^{d-1}))$ formé des classes d'applications à valeurs mesures m_x telles que pour m presque tout x, la mesure m_x est une mesure de probabilité de support inclus dans W_x^j est un fermé faible de la boule unité de $L^\infty(X, m, M(P^{d-1}))$. L'ensemble M_j est donc un ensemble convexe compact pour la topologie faible.

L'application $\hat{\theta}$ induit une application linéaire continue de $L^1(X, m, C(\mathbb{P}^{d-1}))$ dans lui-même et donc par dualité une application affine $\hat{\theta}$ faiblement continue. Enfin, d'après 4.2 ii/ $\hat{\theta}$ préserve M_j.

Il existe donc un point fixe par $\hat{\theta}$ dans M_j autrement dit une famille de mesures de probabilités $\hat{m}_j(x,.)$ sur $\mathbb{P}^{d-1}$ telles que :

$\hat{m}_j(x, W_x^j) = 1$ m-presque sûrement et

$\hat{\theta}(\hat{m}_j(x,.)) = \hat{m}_j(x,.)$ ce qui signifie exactement que la mesure :

$\hat{m}_j(dx,du) = \hat{m}_j(x,du)\, m(dx)$ est $\hat{\theta}$ invariante.

II - ENTROPIE ET EXPOSANTS

1° Entropie des systèmes dynamiques

Nous rappelons dans ce paragraphe la définition et les propriétés de l'entropie des systèmes dynamiques. Soient P et Q deux partitions dénombrables mesurables d'un espace probabilisé $(X,\mathcal{a}, m)$. On appelle entropie conditionnelle de P sachant Q la quantité $H(P|Q)$ suivante :

$$H(P|Q) = - \sum_{i,j} m(P_i \cap Q_j) \log m(P_i|Q_j)$$

où P_i et Q_j décrivent les éléments de P et de Q. Pour retenir les propriétés élémentaires de l'entropie, on peut interpréter $H(P|Q)$ comme la quantité d'information qu'apporte la connaissance de P à celui qui connaît déjà Q. Nous les résumons dans :

1.1 - Proposition

Soient P,Q,R trois partitions dénombrables mesurables d'un espace probabilisé $(X,\mathcal{a}, m)$

i/ $0 \leq H(P|Q) \leq +\infty$ et $H(P|Q)$ est nul si et seulement si P est une sous-partition de Q

ii/ $H(P_v Q|R) = H(Q|R) + H(P|Q_v R)$

iii/ si R est une sous-partition de Q

$$H(P|R) \geq H(P|Q)$$

iv/ $H(P|Q) \leq \log \text{card } P$.

Les démonstrations sont élémentaires et laissées au lecteur. Si on note Q_o la partition réduite au seul élément X, on appelle entropie de la partition P la quantité $H(P) = H(P|Q_o)$.

Soit maintenant θ une transformation mesurable de $(X,\mathcal{a})$ laissant la mesure m invariante. Si H est une partition d'entropie finie, nous appelons entropie moyenne de P et notons $h_m(P, \theta)$ la quantité :

$$h_m(P,\theta) = \inf_n \frac{1}{n} H(P \vee \theta^{-1} P \vee \dots \vee \theta^{-n+1} P).$$

1.2 - Proposition :

$$|h_m(P,\theta) - h_m(Q,\theta)| \leq H(P|Q) + H(Q|P) .$$

La proposition 1.2 se déduit facilement de (1.1 ii et iii). On définit l'entropie de la transformation θ par :

$$h_m(\theta) = \sup \; h_m(P,\theta) \; H(P) < +\infty .$$

La proposition 1.2 permet de calculer $h_m(\theta)$ comme limite de $h_m(P_n,\theta)$ où les P_n sont des partitions de plus en plus fines et engendrant finalement la σ-algèbre $\mathcal{G}$. L'entropie d'une transformation est un nombre réel positif, fini ou infini. Nous avons les propriétés et exemples fondamentaux suivants.

1.3 - Proposition

$h_m(\theta^n) = n\, h_m(\theta)$ et si θ est inversible $h_m(\theta^{-1}) = h_m(\theta)$.

Il suit en effet immédiatement de la définition que pour toute partition P d'entropie finie,

$$h_m(P,\theta^{-1}) = h_m(P) \text{ et}$$

$$h_m\Big(\bigvee_{i=0}^{n-1} \theta^{-i} P,\ \theta^n\Big) = n\ h_m(P,\theta).$$

En considérant une famille P_k engendrant $\mathcal{Q}$, 1.3 suit ∎

1.4 - Exemple

Soit $X = \mathbb{R}/\mathbb{Z}$, m la mesure de Haar sur X, θ la translation de α sur X ; $h_m(\theta) = 0$.

Si en effet la partition P_k est une partition en k intervalles de longueur 1/k, il est clair que la partition $P_k \vee \theta^{-1} P_k \vee .. \vee \theta^{-n+1} P_k$ a moins de kn éléments et donc que

$$h_m(P_k,\theta) \leq \inf_n \frac{1}{n} \log kn = 0.$$

On conclut en remarquant que de telles partitions engendrent la σ-algèbre des boréliens de X.

1.5 - Exemple

Soient $(A,p = \{p_a,\ a\in A\})$ un espace probabilisé fini, $(X,m) = (A,p)^{\mathbb{Z}}$ le produit indexé par $\mathbb{Z}$ de copies de (A,p), θ le décalage des coordonnées $((\theta x)_n = x_{n+1})$ $h_m(\theta) = -\sum_a p_a \log p_a$.

En effet la partition P définie par la coordonnée 0 est indépendante de ses images et

$$h_m(P,\theta) = \frac{1}{n} H(P \vee \theta^{-1} P \vee \dots \vee \theta^{-n+1} P) = -\sum_a p_a \log p_a.$$

Pour la partition $P_k = \theta^{-k} P \vee \dots \vee \theta^k P$, nous avons de même

$$h_m(P_k,\theta) = \inf_n \frac{n+2k}{n} H(P) = H(P).$$

1.6 - Exemple

Soient $X = C_0(\mathbb{R}^+, \mathbb{R})$ l'espace des fonctions continues de $\mathbb{R}^+$ dans $\mathbb{R}$, nulles en 0, m la mesure de Wiener et θ définie par

$$\theta X(t) = X(t+1) - X(1) \ ; \ h_m(\theta) = +\infty .$$

Les σ-algèbres engendrées par les variables $X(t+s) - X(s)$, $0 \leq s < t < 1$, sont en effet continues et indépendantes de leurs images par θ^n, $n \in \mathbb{N}$.

Références, démonstrations, exemples, compléments, etc... se trouvent dans le livre de P. Billingsley : Ergodic theory and information. J.Wiley and Sons (1965). Pour les développements ultérieurs les plus importants, voir :

D.S. Ornstein : Ergodic theory, Randomness and Dynamical Systems. Yale University Press, New-Haven(1974).

2° Applications différentiables

Le cadre naturel du théorème d'Osseledets est celui d'une application différentiable d'une variété. Soient X une variété riemannienne compacte de dimension d, θ une application différentiable de X dans X, m une mesure de probabilité invariante. Considérons la différentielle $d\theta$, application du fibré tangeant TX dans lui-même. Le théorème d'Osseledets donne des renseignements sur le comportement des applications $d_x\theta^n$, en m-presque tout point x.

Choisissons en effet un isomorphisme fibré mesurable τ entre TX et $X \times \mathbb{R}^d$ tel que, pour tout x, τ définit un isomorphisme d'espaces euclidiens τ_x entre T_x X muni du produit scalaire de la métrique riemannienne et l'espace $\mathbb{R}^d$, muni du produit scalaire canonique.

Posons $A(x) = \tau_{\theta x}\, d_x\theta\, \tau_x^{-1}$.

Nous avons bien défini une application mesurable de $(X, \mathcal{A})$ dans les opérateurs de $\mathbb{R}^d$. Les règles de composition de la différentielle donnent :

$$A^{(n)}(x) = \tau_{\theta^n x}\, d_x\, \theta^n\, \tau_x^{-1} .$$

Remarquons que si θ est inversible et son inverse différentiable, la formule ci-dessus est encore valable pour n négatif. (cf. formule (1) du paragraphe I.4).

Les résultats de la première partie se traduisent alors sur $d\theta$ de la manière suivante :

2.1 - Théorème

Soient X une variable riemannienne compacte de dimension d, θ une application différentiable de X dans X, m une mesure de probabilité invariante ergodique. Il existe des nombres $\lambda_1 \geq \lambda_2 \ldots \geq \lambda_d$ tels que les suites $\frac{1}{n} \log ||\overset{p}{\Lambda}\, d_x\, \theta^n||$ convergent m presque partout vers $\lambda_1 + \lambda_2 + \ldots + \lambda_p$, $1 \leq p \leq d$.

Il existe un ensemble B invariant de mesure 1, et une filtration mesurable de la restriction TB de TX à B,

$$TB = V^r \supset \ldots \supset V^1 \supset V^0 = \{0_x,\ x \in B\}\ ,$$

invariante par $d\theta$ telle que le vecteur v de $T_x X$ appartient à $V_x^j \setminus V_x^{j-1}$ si et seulement si la suite $\frac{1}{n} \log ||d_x\ \theta^n v||_{\theta^n x}$ converge vers un certain exposant $\log \mu_j$.

Si l'application θ est un difféomorphisme, il existe un ensemble B' invariant de mesure 1 et une décomposition mesurable invariante de la restriction TB' de TX à B'

$$TB = \bigoplus_{j=1}^{r} W^j$$ telle que le vecteur v de $T_x X$ appartient à un W_x^j si et seulement si les limites de la suite $\frac{1}{n} \log ||d_x \theta^n\ v||_{\theta^n x}$ existent et sont égales quand n tend vers plus l'infini et vers moins l'infini.

Dans ce paragraphe nous voulons établir :

2.2 - Théorème

Soient (X, θ, m) un système dynamique différentiable ergodique ;

$$h_m(\theta) \leq \sum_{i=1}^{d} \lambda_i^+ .$$

Démonstration :

La démonstration consiste à se ramener à une estimation sur les différentielles $d\theta^n$ et à utiliser alors un argument géométrique. L'argument géométrique est donné par le lemme 2.3.

Dans un espace métrique, notons $B_d(F,\alpha)$ l'ensemble des points situés à une distance de la partie F plus petite que α.

2.3 - Lemme

Soit A une application linéaire de l'espace euclidien $\mathbb{R}^d$. Il existe une constante $C_1(d)$ telle que le nombre de boules disjointes de rayon $\alpha/2$ que peut rencontrer $B(A(B(0,\alpha)), 2\alpha)$ est majoré par

$$C_1(d) \prod_{i=1}^{d} \max(\delta_i(A), 1).$$

Démonstration de 2.3

Notons $A = K_1 \Delta K_2$ la décomposition de A ; les nombres $\delta_i(A)$ sont les coëfficients diagonaux de la matrice diagonale Δ.

Les opérateurs K_1 et K_2 étant unitaires conservent les distances et le nombre cherché est donc le même pour la matrice A et la matrice Δ.

Notons d' la distance $d'(x,y) = \max_i (x_i - y_i)$ le nombre cherché est plus petit que le nombre de d'-boules disjointes de rayon $\alpha/2\sqrt{d}$ que peut rencontrer $B_{d'}(\Delta(B_{d'}(0,\alpha)), 3\alpha)$.

Le lemme revient alors à compter le nombre de cubes disjoints de côté $1/2\sqrt{d}$ que peut rencontrer un paralléllépipède de côtés $2(\delta_i+3)$, $i=1,\ldots, d$. Ce nombre est majoré par $(4\sqrt{d})^d \prod_{i=1}^{d} (\delta_i + 4)$. Nous obtenons $C_1 \leq (20\sqrt{d})^d$ en remplaçant $\delta_i + 4$ par $5 \max(\delta_i, 1)$ ∎

L'étape suivante consiste à linéariser. Notons en effet $\exp_x$ l'application exponentielle de $T_x X$ dans X ; par compacité, il existe un nombre δ tel que $\exp_x$ soit un difféomorphisme entre la boule de centre 0 et de rayon δ dans T_xX et la boule de centre x et de rayon δ sur X. Fixons alors $n > 0$. Par continuité uniforme de $d_x\theta^n$ nous pouvons choisir ε_0 assez petit pour que $\varepsilon_0 \leq \delta/4 \max \{||d_x\theta^n|| \; x \in X\}$ et que si $\varepsilon < \varepsilon_0$, on a dès que $d(x,y) \leq \varepsilon$,

(1) $d(\theta^n y, \exp_{\theta^n x} d_x\theta^n \exp_x^{-1} y) \leq \varepsilon$ et

(2) $1/2 \leq \delta_i(d_x\theta^n)/ \delta_i(d_y \theta^n) \leq 2$.

La démonstration de 2.2 s'achève alors par un calcul d'entropie : un sous-ensemble fini E de X est dit ε-séparé si deux points distincts de E sont toujours distants de plus de ε . Pour tout ε, $0 < \varepsilon < \varepsilon_0$, choisissons E_ε ,ε séparé maximal et P_ε une partition $P_\varepsilon = \{P_x, x \in E_\varepsilon\}$ telle que pour chaque x de E_ε , P_x est inclus dans la fermeture de son intérieur, et l'intérieur de P_x est l'ensemble des y qui vérifient pour tout $x' \neq x$ de E_ε $d(y,x) < d(y,x')$. Nous allons estimer le nombre d'éléments de P_ε que rencontre chaque $\theta^n P_x$. Nous avons :

$$\theta^n P_x \subset \theta^n(\exp_x (B(0,\varepsilon))) \text{ par maximalité de } E_\varepsilon$$

$$\subset \exp_{\theta^n x} (B(d_x \theta^n(B(0,\varepsilon)),\varepsilon)) \text{ d'après (1).}$$

Les éléments x' de E_ε tels que $P_{x'}$ rencontre $\theta^n P_x$ sont donc les centres de $\varepsilon/2$-boules disjointes (car E_ε est ε-séparé) qui rencontrent

$$\exp_{\theta^n x} (B(d_x \theta^n (B(0,\varepsilon)), 2\varepsilon)).$$

D'après le lemme 2.3, il y a donc moins de $C_1(d) \prod_{i=1}^{d} \max(\delta_i(d_x\theta^n),1)$ éléments de la partition P_ε qui rencontrent $\theta^n P_x$; il y a donc moins de $C_1(d) \prod_{i=1}^{d} \max (\delta_i (d_x\theta^n),1)$ éléments de la partition $\theta^{-n} P_\varepsilon$ qui rencontrent P_x.

Nous avons donc :

$$H(\theta^{-n}P_\varepsilon|P_\varepsilon) = \sum_{x\in E} m(P_x)\left(\sum_{y\in E} m(\theta^{-n} P_y|P_x) \log \frac{1}{m(\theta^{-n} P_y|P_x)}\right)$$

$$\leq \sum_{x\in E} m(P_x) \log\left(C_1(d) \prod_{i=1}^{d} \max(\delta_i (d_x\theta^n),1)\right).$$

D'après (2) nous avons si y appartient à P_x,

$$\log^+ \delta_i(d_x\theta^n) \leq \log 2 + \log^+\delta_i(d_y\theta^n) .$$

D'où finalement :

$$H(\theta^{-n} P_\varepsilon|P_\varepsilon) \leq \log C_1(d).\ 2^d + \sum_{i=1}^{d} \int \log^+(\delta_i(d_y\theta^n))m(dy).$$

Si nous faisons tendre ε vers zéro, nous avons d'après 1.2 et 1.3

$$n\, h_m(\theta) = h_m(\theta^n) = \lim_{\varepsilon\to 0} h_m(P_\varepsilon, \theta^n) \leq \lim_{\varepsilon \to 0} H(\theta^{-n} P_\varepsilon | P_\varepsilon)$$

$$\leq \log C_1(d) 2^d + \sum_{i=1}^{d} \int \log^+ (\delta_i (d_y \theta^n))\, m(dy).$$

Nous obtenons la majoration annoncée en faisant tendre n vers l'infini et en remarquant que par la convergence presque sûre I.2.6 , $\frac{1}{n} \int \log^+ \delta_i (d_y \theta^n) m(dy)$ converge vers λ_i^+ ∎

Remarques et références :

La formule analogue à 2.2 dans le cas non ergodique s'obtient facilement par mélange de mesures ergodiques

$$h_m(\theta) = \int h_{m_\rho}(\theta)\, d\rho \leq \sum_i \int \lambda_i^+(m_\rho) d\rho .$$

La démonstration n'a utilisé que la convergence presque sûre I.2.6 et non pas les filtrations du théorème II.2.1.

Le résultat est en général une inégalité stricte. Soit μ la mesure de Riemann sur X. Si la mesure m admet une densité par rapport à μ, le théorème 2.2 est attribué à Margulis (sans référence). Il a été établi dans le cas général par Ruelle, dont nous avons suivi la démonstration :

D. RUELLE : An inequality for the Entropy of Differentiable Maps.Bol Soc. Bras Mat.9 (1978) p. 83-87.

En fait si la mesure m est absolument continue par rapport à la mesure μ et si θ est un C^1 difféomorphisme tel que les applications $x \to d_x\theta$ et $x \to d_x \theta^{-1}$ satisfont à une condition de Hölder, il y a égalité. C'est la formule de Pesin voir :

Ya. B PESIN : Lyapunov Characteristic Exponents and Smooth Ergodic Theory, Russ. Mat. Surveys, 32 ; 4 (1977) 55-114.

Une démonstration plus simple a été donnée par Mañé :

R. Mañé : A proof of Pesin's formula, Ergod Th. & Dynam. Sys. 1 (1981) 77-93.

Remarquons que dans ce cas les relations :

$h_m(\theta) = h_m(\theta^{-1})$ (1.3), $h_m(\theta) = \sum \lambda_i^+$

$h_m(\theta^{-1}) = - \sum \lambda_i^-$ (par I.4.1)sont compatibles : d'après I.1.3 nous avons en effet :

$$\sum \lambda_i = \int \log |\det d_x\theta| \quad m(dx) = 0$$

car si $m = h\mu$, $|\det d_x \theta| = \dfrac{h}{h.\theta}$.

En général, l'inégalité de 2.2 est stricte. Il est même possible de montrer une réciproque :

Si les différentielles $d_x\,\theta$ et $d_x\,\theta^{-1}$ sont höldériennes, si la mesure invariante m est ergodique, si 0 n'est pas un exposant du système et si la formule de Pesin est satisfaite :

$$h_m(\theta) = \sum \lambda_i^+$$

alors l'ensemble des points x de X tels que pour toute fonction continue f sur X, $\frac{1}{n}\sum_{i=0}^{n-1} f(\theta^i x)$ converge vers m(f) quand n tend vers l'infini est de μ mesure positive.

Physiquement on a envie d'interpréter ce résultat en disant que les mesures que l'on "voit" avec une probabilité positive sont les mesures satisfaisant un certain principe variationnel.

Le langage de la mécanique statistique et des probabilités seraient alors pertinents pour décrire les phénomènes déterministes avec sensibilité forte aux conditions initiales. Cf.

D.RUELLE : Attracteurs étranges. La Recherche 108 (1980).

3° Théorème de Shannon - Mc. Millan - Breiman

Pour utiliser le théorème d'Osseledets et obtenir des comparaisons plus précises que 2.2, il nous faut un résultat de convergence presque sûre concernant l'entropie.

Nous rappelons dans ce paragraphe le résultat et la démonstration classiques de la "propriété d'équipartition". Nous avons d'abord :

3.1 - Lemme

Soient $\mathcal{B}_n$ $n \geq 0$ une suite croissante de σ-algèbres, $\mathcal{B}_\infty$ la σ-algèbre engendrée par les $\mathcal{B}_n$, P une partition d'entropie finie. Alors :

$$\int \sup_n \sum_i 1_{P_i} \log \frac{1}{E(1_{P_i} | \mathcal{B}_n)} \, . \, dm \leq H(P) + 1 \, .$$

Démonstration :

Pour $\alpha > 0$, nous avons :

$$\left\{ \sup_n \sum_i 1_{P_i} \log \frac{1}{E(1_{P_i} | \mathcal{B}_n)} > \alpha \right\} = \sum_i P_i \cap \left\{ \sup_n E((e^{-\alpha} - 1_{P_i}) | \mathcal{B}_n) > 0 \right\} .$$

Mais par le lemme maximal, la mesure de l'ensemble $P_i \cap \{\sup_n E((e^{-\alpha} - 1_{P_i}) | \mathcal{B}_n) > 0\}$ est plus petite que $e^{-\alpha}$. Nous avons donc la majoration suivante pour $f(\alpha) = m(\{\sup_n \sum_i 1_{P_i} \log \frac{1}{E(1_{P_i} | \mathcal{B}_n)} > \alpha\})$:

$$f(\alpha) \leq \sum_i \min(e^{-\alpha}, m(P_i)),$$

Le lemme suit en observant que par conséquent, $\int_0^\infty f(\alpha) d\alpha \leq \sum_i \int_0^\infty \min(e^{-\alpha}, m(P_i)) d\alpha$ et que le calcul du deuxième membre donne $H(P)+1$.

3.2 - Théorème

Soient $(X, \mathcal{A}, m ; \theta)$ un système dynamique ergodique et P une partition d'entropie finie.

Notons $f_n(x)$ la mesure de l'atome de la partition $P \vee \theta^{-1} P \vee \dots \vee \theta^{-n+1} P$ qui contient x. Alors $- \frac{1}{n} \log f_n(x)$ converge m presque sûrement vers $h_m(P, \theta)$.

Démonstration :

Nous avons en effet, en notant $\mathcal{B}_j$ la σ-algèbre engendrée par les partitions $\theta^{-1}P,\ldots,\theta^{-j}P$ et P_i, $i\in I$, les éléments de P :

$$f_n(x) = \sum_{i_1\ldots i_n\in I^n} 1_{P_{i_n}}(\theta^{n-1}x)\, 1_{P_{i_{n-1}}}(\theta^{n-2}x)\ldots 1_{P_{i_1}}(x)$$

$$m(P_{i_n})\, E(1_{P_{i_{n-1}}}|\mathcal{B}_1)(\theta^{n-2}x)\ldots E(1_{P_{i_1}}|\mathcal{B}_{n-1})(x)$$

et donc :

$$-\log f_n(x) = \sum_{j=0}^{n-1}\Big(-\sum_i 1_{P_i}\log E(1_{P_i}|\mathcal{B}_{n-j-1})\Big)(\theta^j x).$$

D'après le lemme 3.1 si nous posons :

$$g_m = \sup_{n\geq m}\sum_i 1_{P_i}\left|\log\frac{E(1_{P_i}|\mathcal{B}_\infty)}{E(1_{P_i}|\mathcal{B}_n)}\right|,$$

les fonctions g_m forment une suite décroissante vers 0 de fonctions intégrables. Nous pouvons alors estimer :

$$\left|-\log f_n(x) + \sum_{j=0}^{n-1}\Big(-\sum_i 1_{P_i}\log E(1_{P_i}|\mathcal{B}_\infty)\Big)(\theta^j x)\right| \leq \sum_{j=0}^{n-1} g_{n-j-1}(\theta^j x).$$

Donc la suite $-\frac{1}{n}\log f_n(x)$ a, presque partout et en L^1, le même comportement que les moyennes ergodiques d'une fonction intégrable. La suite $-\frac{1}{n}\log f_n(x)$ converge donc vers une constante qui est égale à

$$\lim_n -\int\frac{1}{n}\log f_n\, dm = \lim_n \frac{1}{n} H(P \vee\ldots\vee \theta^{-n+1}P) = h_m(P,\theta)\ \blacksquare$$

On peut obtenir de la même manière :

3.3 - Théorème

Soient $(X,\mathcal{Q}, m;\theta)$ un système ergodique avec θ inversible et P une partition mesurable d'entropie finie. Soient a et b deux constantes positives. Notons $f_n(x)$ la mesure de l'atome de la partition $\vee\theta^j P$, $-an\leq j\leq bn$ qui contient x. Alors m presque sûrement, $-\frac{1}{n}\log f_n(x)$ converge vers $(a+b)\,h_m(P,\theta)$ quand n tend vers l'infini.

On trouvera encore remarques, extensions, références etc... dans le livre de Billingsley section 13.

4° Minoration de la dimension

Nous avons donc des théorèmes de convergence presque sûre pour différentes quantités dynamiques les exposants (I.2.6) et l'entropie (3.2). Dans le reste de ce chapitre, nous allons en déduire des relations géométriques que doit satisfaire la mesure en termes de coëfficients de Lipschitz ou de dimension. Nous montrons dans ce paragraphe une minoration de la dimension de Hausdorff des ensembles de mesure positive.

4.1 - Proposition

Soit θ un C^1 difféomorphisme de la variété X, m une mesure θ invariante ergodique avec $\lambda_1 > 0 > \lambda_d$. Alors en m presque tout x,

$$\liminf_{\varepsilon\to 0} \frac{\log m(B(x,\varepsilon))}{\log \varepsilon} \geq h_m(\theta) \left(\frac{1}{\lambda_1} - \frac{1}{\lambda_d}\right).$$

Démonstration de 4.1 :

Nous avons d'abord un lemme de théorie de la mesure qui va nous permettre de construire de bonnes partitions .

4.2 - Lemme

Soient $r > 0$, ν une mesure de probabilité sur $\mathbb{R}$ concentrée sur $[0,r]$ et $0 < a < 1$. Alors pour Lebesgue presque tout x, la série $\sum_{k=0}^{\infty} \nu([x-a^k, x+a^k])$ converge.

Démonstration de 4.2 :

Appelons N_k l'ensemble des points x, $0 \leq x \leq r$ avec $\nu([x-a^k,x+a^k]) \geq \frac{1}{k^2}$, et recouvrons N_k par des intervalles $C_{i,k}$, $C_{i,k} = [x_{i,k}-a^k, x_{i,k}+a^k]$ $1 \leq i \leq S_k$ en choisissant les $x_{i,k}$ dans N_k et tels que tout point ne rencontre que deux intervalles $C_{i,k}$. Nous pouvons estimer S_k par $\frac{S_k}{k^2} \leq \sum_{i=1}^{S_k} \nu(C_{i,k}) \leq 2$.

D'autre part si λ désigne la mesure de Lebesgue,

$$\lambda(N_k) \leq S_k\, 2a^k \leq 4\, a^k\, k^2.$$

Par Borel-Cantelli, λ-presque tout point n'appartient qu'à un nombre fini d'ensembles N_k et donc en λ-presque tout point le terme général $\nu(x-a^k, x+a^k)$ est majoré par $\frac{1}{k^2}$ à partir d'un certain rang. q.e.d. ∎

Soient (X, d, m) un espace compact métrique mesuré. Un sous-ensemble E de X est dit surrégulier si pour tout a, $0 < a < 1$, la série

$$\sum_{k=0}^{\infty} m(B(E, a^k)) \text{ converge.}$$

4.3 - Corollaire

Tout point de X admet un système fondamental de voisinages dont la frontière est surrégulière.

Il suffit en effet d'appliquer 4.2 à la mesure image de m par l'application $d(x,.)$ distance au point x, et à une suite a_n tendant vers 0.

4.4 - Corollaire

Pour tout $\varepsilon > 0$, il existe une partition de X dont les éléments sont de diamètre inférieur à ε et ont une frontière surrégulière.

Il suffit en effet de choisir la partition subordonnée à un sous-recouvrement fini d'un recouvrement en petits voisinages donnés par 4.3.

Nous pouvons maintenant démontrer 4.1. Soit $\delta > 0$. Nous commençons par choisir d'après 4.4 une partition P dont les éléments ont une frontière surrégulière et telle que :

$$h_m(P,\theta) \geq h_m(\theta) - \delta.$$

Notons ∂P la réunion des frontières des éléments de P.

Si deux points de X sont assez proches, leurs images par θ^i resteront assez proches pour que les deux points soient dans le même atome de la partition $\vee\theta^{-j} P, - an \leq j \leq bn$ et que l'on puisse appliquer 3.3.

Fixons en effet $t > 0$.

Par surrégularité de ∂P, il existe une fonction $C(x,t)$, $1 \geq C(x,t) > 0$ m presque partout, telle que :

(1) $$d(\theta^n x, \partial P) \geq C(x,t)\, e^{-|n|t} \text{ pour tout } n \text{ de } \mathbb{Z}.$$

Nous avons en effet

$$\sum_n m(\{x \mid d(\theta^n x, \partial P) < e^{-|n|t}\})$$

$$= \sum_n m(\{x \mid d(x, \partial P) < e^{-|n|t}\}) \text{ par invariance de } m$$

$$= \sum_n m(B(\partial P, e^{-|n|t})) < +\infty.$$

Par Borel-Cantelli, cela montre qu'il existe un ensemble X_1, $m(X_1) = 1$, tel que si x appartient à X_1, il n'existe qu'un nombre fini d'entiers n pour lesquels $d(\theta^n x, \partial P) < e^{-|n|t}$.

Définissons $C(x,t)$ par

$$C(x,t) = \inf(1, d(\theta^n x, \partial P) e^{|n|t}, n \in \mathbb{Z}).$$

Si x appartient à X_1 et si aucun $\theta^n x$, $n \in \mathbb{Z}$, n'appartient à ∂P, la fonction $C(x,t)$ est strictement positive. Nous avons bien $C(x,t) > 0$ m-presque partout.

Par continuité uniforme de $||d_x \theta||$ et de $||d_x \theta^{-1}||$ il existe d'autre part ε tel que, si $d(x,y) \leq \varepsilon$,

(2) $$e^{-t} \leq \frac{||d_x \theta||}{||d_y \theta||} \leq e^t \text{ et } e^{-t} \leq \frac{||d_x \theta^{-1}||}{||d_y \theta^{-1}||} \leq e^t.$$

Enfin, par le théorème ergodique ponctuel, pour presque tout x, il existe $N(x)$ tel que si $n \geq N(x)$,

(3) $$\sup_{0 \leq j \leq n} \prod_{k=0}^{j-1} ||d_{\theta^k x} \theta|| \leq e^{n \int \log ||d_x \theta||\, m(dx)}\, e^{nt}$$

et

$$\sup_{0 \leq j \leq n} \prod_{k=0}^{j-1} ||d_{\theta^{-k} x} \theta^{-1}|| \leq e^{n \int \log ||d_x \theta^{-1}||\, m(dx)}\, e^{nt}.$$

Nous disons alors que si $n \geq N(x)$ et si $d(x,y) \leq \varepsilon\, C(x,t)\, e^{-n \int \log ||d\theta|| - 3nt}$, nous avons pour tout j, $1 \leq j \leq n$,

$$d(\theta^j x, \theta^j y) \leq \varepsilon\, C(x,t)\, e^{-n \int \log ||d\theta||} e^{-2nt} \cdot \prod_{k=0}^{j-1} ||d_{\theta^k x} \theta||\, e^{(j-n)t}.$$

Notre choix de ε et (2) entraînent facilement cette propriété de proche en proche. Il suit alors de (1) et (3) que si $n \geq N(x)$ et

$$d(x,y) \leqq \varepsilon\, C(x,t)\, e^{-n \int \log \|dn\theta\|} e^{-3nt},$$

nous avons $d(\theta^j x, \theta^i y) \leq d(\theta^j x, \partial P)$ pour $0 \leq j \leq n$ et donc x et y sont dans le même élément de $\bigvee_{j=0}^{n} \theta^{-j}P$.

De même, si $n \geq N(x)$ et si

$$d(x,y) \leqq \varepsilon\, C(x,t)\, e^{-n \int \log \|d\,\theta^{-1}\|} e^{-3nt},$$ x et y sont dans le même élément de la partition $\bigvee_{j=0}^{n-1} \theta^{j}P$.

En posant alors $a_1(t) = \dfrac{1}{\int \log \|d.\theta\| + 3t}$, $b_1(t) = \dfrac{1}{\int \log \|d.\theta^{-1}\| + 3t}$

nous venons d'établir que pour n assez grand, si $d(x,y) \leqq \varepsilon\, C(x,t) e^{-n}$, les points x et y appartiennent au même élément de la partition $\bigvee_{-a_1 n}^{b_1 n} \theta^j P$. En appliquant le théorème 3.3, il vient :

$$\liminf_n -\frac{1}{n} \log m(B(x,e^{-n})) \geq (a_1(t)+b_1(t))\, h_m(P,\theta)$$

m-presque partout, et donc par l'arbitraire de δ et de t,

$$(4) \qquad \liminf_{\varepsilon} \frac{\log m(B(x,\varepsilon))}{\log \varepsilon} \geq h_m(\theta) \left(\frac{1}{\int \log \|d.\theta\|} + \frac{1}{\int \log \|d.\theta^{-1}\|} \right).$$

Remarquons alors que le premier membre de (4) est le même si on considère la transformation θ^n au lieu de θ, mais que le deuxième devient, d'après 1.3 :

$$h_m(\theta) \left(\frac{n}{\int \log \|d.\theta^n\|} + \frac{n}{\int \log \|d.\theta^{-n}\|} \right).$$

Quand n tend vers l'infini, $\frac{1}{n} \int \log \|d.\theta^n\|$ tend vers λ_1 et $\frac{1}{n} \int \log \|d.\theta^{-n}\|$ tend vers $-\lambda_d$ par définition de λ_1 et $-\lambda_d$, ce qui achève la démonstration de 4.1 ∎

Montrons que ce résultat est lié à la notion de dimension de Hausdorff. Soit $t > 0$ et A une partie d'un ensemble compact métrique (X,d).

Pour tout $\varepsilon > 0$ considérons les recouvrements U_i de A par des ensembles mesurables U_{ij} de diamètre $\delta_{ij} \leq \varepsilon$.

Posons :

$$\mu_t(A) = \lim_{\varepsilon \to 0} \left(\inf_{U_i} \left(\sum_j \delta_{ij}^t \right) \right).$$

Il est facile de voir qu'il existe t_0, $0 \leq t_0 \leq +\infty$ tel que :

$$\mu_t(A) = +\infty \quad \text{si } t < t_0$$

$$\mu_t(A) = 0 \quad \text{si } t > t_0.$$

Cette valeur t_0 s'appelle la dimension de Hausdorff de la partie A, notée dim A.

Si m est une mesure de probabilité, nous noterons dim m = inf {dim A, A mesurable et m(A) > 0} .

4.5 - Corollaire

Sous les hypothèses de 4.1, alors $\dim m \geq h_m(\theta) \left(\frac{1}{\lambda_1} - \frac{1}{\lambda_d}\right)$.

Si en effet A est un ensemble de mesure positive, en choisissant $t' < h_m(\theta) \left(\frac{1}{\lambda_1} - \frac{1}{\lambda_d}\right)$, il existe $A' \subset A$, $m(A') > 0$ et ε' tel que si $\varepsilon \leq \varepsilon'$ $m(B(x,\varepsilon)) \leq \varepsilon^{t'}$ sur A'.

Pour tout ensemble U_{ij} qui rencontre A', de diamètre $\delta_{ij}, \delta_{ij} < \varepsilon'/2$ nous avons $m(U_{ij}) \leq m(B(x, 2\delta_{ij})) \leq 2^{t'} \delta_{ij}^{t'}$ et donc :

$$\mu_{t'}(A) \geq 2^{-t'} \inf_{U_i} \sum_i m(U_{ij}) \geq 2^{-t'} m(A') > 0.$$

Nous avons bien $t' \leq \dim A$ pour tout $t' < h_m(\theta) \left(\frac{1}{\lambda_1} - \frac{1}{\lambda_d}\right)$, q.e.d.

Références et remarques :

La proposition 4.1 est due à Young.

L.S. YOUNG : Dimension, Entropy and Lyapunov Exponents. Ergod-Th. & Dynam. Syst. 2 (1982) p. 109-124.

Sa démonstration repose sur une version topologique du théorème de Shannon Mc. Millan - Breiman, due à Brin et Katok :

A.M. Brin and A. Katok : On local entropy - prétirage.

Dans le cas où θ est non inversible, le même raisonnement montre que :

$$(5) \qquad \liminf_{\varepsilon\to 0} \frac{\log m(B(x,\varepsilon))}{\log \varepsilon} \geq \frac{h_m(\theta)}{\lambda_1} .$$

On s'attend que les estimations 4.1 et (5) soient les meilleures possibles en petite dimension, en dimension 2 pour 4.1 et en dimension 1 pour (5). Nous verrons au paragraphe 5 que c'est le cas si $d_x\theta$ et $d_x\theta^{-1}$ satisfont à une condition de Hölder.

Si la convergence presque sûre est délicate à établir, ou n'a pas lieu, on peut s'intéresser à des convergences plus faibles des fonctions $\frac{\log m(B(x,\varepsilon))}{\log \varepsilon}$, en moyenne ou en probabilité ou etc... Il revient au même de donner d'autres définitions de la dimension d'un espace métrique probabilisé.

En général, ce sera de la forme :

$$\dim_i m = \limsup_{\varepsilon\to 0} \frac{1}{\log 1/\varepsilon} \quad I_\varepsilon^i .$$

On peut par exemple définir I_ε^1 comme la plus petite entropie possible d'une partition de X dont les éléments ont un diamètre inférieur à ε . Nous obtenons ainsi la dimension de Renyi :

A. RENYI : Dimension, entropy and information. Transations of the second Prague Conférence on Information Theory, Statistical Decision Functions and Random Processes (1957) 545-556.

On peut également définir $I_\varepsilon^{2,\delta}$ comme le logarithme du nombre minimum de boules de rayon ε nécessaire pour obtenir une mesure totale supérieure à $1-\delta$. On a alors :

$$\dim_2 m = \lim_{\delta\to 0} \ \limsup_{\varepsilon\to 0} \ \frac{I_\varepsilon^{2,\delta}}{\log 1/\varepsilon}$$

F. LEDRAPPIER : Some relations Between Dimension and Lyapounov Exponents. Commun Math. Phys. 81 (1981) 229-238.

Ces différentes notions correspondent à différents procédés concrets d'évaluer la dimension "essentielle" d'une probabilité sur un espace métrique. Les relations entre elles sont des exercices plus ou moins délicats. (Cf. L.S. Young, paragraphe 4).

En dimension 1 on a alors si θ et $d\theta$ sont monotones par morceaux la formule : $\quad h_m(\theta) = \lambda_1 \dim_i m \qquad i = 1$ ou 2.

5° Exposants, entropie et dimension en dimension 2

Considérons le cas où la variété X est de dimension 2, et les exposants vérifient $\lambda_1 > 0 > \lambda_2$.

On s'attend dans ce cas que l'estimation 4.2 soit la meilleure possible. Pour le voir, nous devons, à l'inverse, montrer que si deux points x et y sont tels que leurs images $\theta^i x$ et $\theta^i y$ restent proches $n/\lambda_2 \leq i \leq n/\lambda_1$, alors nécessairement d(x,y) est plus petit que e^{-n}. C'est intuitif si on néglige et la non-linéarité et la non-uniformité.

Le théorème d'Osseledets nous donne en effet une décomposition de l'espace tangent en une direction dilatante et une direction contractante ; en notant (u_1,u_2) les coordonnées dans ce système,

l'ensemble des y tels que $d(\theta^i x,\theta^i y) \leq \varepsilon \quad 0 \leq i \leq n/\lambda_1$

est à peu près $\{\exp_x(u_1,u_2),\ |u_1| \leq \varepsilon e^{-n},\ |u_2| \leq \varepsilon\}$

et l'ensemble des y tels que $d(\theta^i x,\theta^i y) \leq \varepsilon \quad n/\lambda_2 \leq i \leq 0$

est à peu près $\{\exp_x(u_1,u_2),\ |u_1| \leq \varepsilon,\ |u_2| \leq \varepsilon e^{-n}\}$.

Cela nous donnerait le résultat cherché en appliquant le théorème 3.3 à une partition P dont les éléments ont un diamètre plus petit que ε .

Dans ce paragraphe, nous montrons comment contrôler le "à peu près" de la phrase précédente en supposant que les différentielles de θ et de θ^{-1} satisfont à une condition de Hölder. Nous avons :

5.1 - Théorème

Soient X une variété compacte de dimension 2, θ un difféomorphisme de X tel que les différentielles $d_x\theta$ et $d_x\theta^{-1}$ satisfont à une condition de Hölder en x et m une mesure de probabilité θ invariante ergodique avec les exposants λ_1 et λ_2, $\lambda_1 > 0 > \lambda_2$. Nous avons en m-presque tout point x :

$$\lim_{\varepsilon \to 0} \frac{\log m(B(x,\varepsilon))}{\log \varepsilon} = h_m(\theta)\left(\frac{1}{\lambda_1} - \frac{1}{\lambda_2}\right).$$

Démonstration :

Nous savons déjà par 4.1 que la lim inf convient. Il nous reste à estimer $\varepsilon\to 0$

$$\limsup_{\varepsilon\to 0} \frac{\log m(B(x,\varepsilon))}{\log \varepsilon} .$$

D'après le théorème I.4.2, il existe un ensemble invariant X_0, $m(X_0) = 1$ et sur X_0 deux directions E_x^1 et E_x^2 de T_xX dépendant mesurablement de x telles que

(1) $$v \in E_x^i \Longleftrightarrow \frac{1}{n} \log||d_x\theta^n v||_{\theta^n x} \to \lambda_i \quad \text{quand } n \to +\infty \text{ et quand } n \to -\infty .$$

Fixons $\chi > 0$ et posons pour $n \in \mathbb{Z}$, $x \in X_0$ et $i = 1,2$

$$\rho^i(n,x) = \frac{||d_x\theta^n v||_{\theta^n x}}{||v||_x} \quad \text{pour un } v \neq 0 \text{ de } E_x^i .$$

Posons alors :

(2) $$\begin{cases} B_1(x) = \displaystyle\sum_{n=0}^{\infty} \frac{e^{(\lambda_1-\chi)n}}{\rho^1(n,x)} \\[2ex] B_2(x) = \displaystyle\sum_{n=0}^{\infty} \rho^2(n,x)\, e^{-(\lambda_2+\chi)n} \end{cases} .$$

D'après (1) B_1 et B_2 sont finis sur X_0 ■

5.2 - Lemme

Nous avons les relations :

$$\rho^1(1,x) \geq e^{(\lambda_1-\chi)} \frac{B_1(\theta x)}{B_1(x)} \quad \text{et} \quad \rho^2(1,x) \leq e^{\lambda_2+\chi} \frac{B_2(x)}{B_2(\theta x)} .$$

Démonstration :

Il suffit de remplacer, dans l'expression de $B_i(\theta x)$, $\rho^i(n,\theta x)$ par $\rho^i(n+1,x)/\rho^i(1,x)$.

5.3 - Lemme

Pour tout ε , $0 < \varepsilon < \chi$, il existe une fonction $A_\varepsilon(x)$ mesurable sur X_0 telle que :

i) $1 \leq B_i(x) \leq A_\varepsilon(x)$, $i=1,2$

ii) pour tout $n \geq 0$, $A_\varepsilon(\theta^n x) \leq e^{n\varepsilon} A_\varepsilon(x)$.

Démonstration

D'après (1), il existe une fonction $C_\varepsilon(x)$ finie sur X_0 vérifiant pour tout $n \geq 0$

$$\frac{1}{C_\varepsilon(x)} e^{n(\lambda_1 - \frac{\varepsilon}{2})} \leq \rho^1(n,x) \leq C_\varepsilon(x) e^{n(\lambda_1 + \frac{\varepsilon}{2})} .$$

Posons $A'_\varepsilon(x) = \sup_{n\geq 0 k\geq 0} \dfrac{\rho^1(k,x)}{\rho^1(n+k,x)} e^{\lambda_1 n} e^{-\varepsilon k} e^{-\frac{\varepsilon}{2} n}$.

On vérifie immédiatement que :

$$A'_\varepsilon(x) \leq C^2_\varepsilon(x) < +\infty \quad \text{sur } X_0$$

$$B_1(x) \leq A'_\varepsilon(x) \sum_{n=0}^{\infty} e^{-(\chi - \frac{\varepsilon}{2})n} \leq \frac{A'_\varepsilon(x)}{1-e^{-(\chi - \frac{\varepsilon}{2})}}$$

$$A'_\varepsilon(\theta x) \leq e^\varepsilon A'_\varepsilon(x).$$

De même en posant :

$$A''_\varepsilon(x) = \sup_{n\geq 0 k\geq 0} \frac{\rho^2(n+k,x)}{\rho^2(k,x)} e^{-\lambda_2 n} e^{-\varepsilon k} e^{-\frac{\varepsilon}{2} n}$$

nous obtenons $A''_\varepsilon < +\infty$ sur X_0, $A''_\varepsilon . \theta \leq e^\varepsilon A''_\varepsilon$ et $B_2 \leq A'' \dfrac{1}{1-e^{-(\chi - \frac{\varepsilon}{2})}}$.

Le lemme est démontré en choisissant :

$$A_\varepsilon = \frac{1}{1-e^{-(\chi - \frac{\varepsilon}{2})}} \max (A'_\varepsilon , A''_\varepsilon) \ \blacksquare$$

Dans un voisinage O_x de 0 dans T_xX, définissons F_x par $F_x = \exp^{-1}_{\theta x} \theta \exp_x$. L'application F_x envoie O_x dans $T_{\theta x}X$. Repérons T_xX pour x dans X_0 dans les coordonnées définies par (E^1_x, E^2_x). Notons α l'exposant de Hölder de $d_x\theta$ et $d_x\theta^{-1}$. Le lemme 5.4 suivant contrôle la non-linéarité et la non-uniformité.

5.4 - Lemme

Soient $0 < \varepsilon < \chi\,\alpha$, $K > 0$ fixés, x un point de X_0. Notons pour y dans T_xX $y = (u_1,u_2)$ ses coordonnées. Il existe une fonction mesurable sur X_0, $C(\varepsilon,K,x)$ telle que :

i) $C(\varepsilon,K,\theta x) \geq e^{-\varepsilon}\, C(\varepsilon,K,x)$

ii) Si on a à la fois $||y||_x \leq C(\varepsilon,K,x)$ et $B_1(x)B_2(x)|u_2| \leq K|u_1|$,

Alors $F_x y = (v_1,v_2)$ est bien défini et vérifie :

$$|v_1| \geq |u_1| \; e^{\lambda_1-2\chi} \; \frac{B_1(\theta x)}{B_1(x)}$$

et $B_1(\theta x)\, B_2(\theta x)\, |v_2| \leq K\, |v_1|$.

Démonstration :

Il existe δ tel que si $||y||_x \leq \delta$ l'application F_x est définie et il existe M tel que :

$$||F_{x,y} - d_x\theta(y)||_{\theta x} \leq M\, ||y||_x^{1+\alpha}.$$

Nous pouvons donc écrire :

$$\begin{aligned} |v_1| &= |d_x\theta\, u_1 + (F_x y - d_x\theta(y))_1| \\ &\geq |u_1| \; e^{\chi_1-\chi} \; \frac{B_1(\theta x)}{B_1(x)} - M||y||_x^{1+\alpha} \end{aligned}$$

d'après 5.2.

En remarquant que $||y||_x \leq \sqrt{2}\max |u_1|$, $|u_2| \leq \sqrt{2}|u_1| \max\left(1, \frac{K}{B_1\, B_2}\right)$ la première conclusion de (5.4 ii) est vraie dès que $||y||_x \leq \delta$ et

$$(3) \qquad ||y||_x^{\alpha} \leq \frac{e^{\lambda-\chi} - e^{\lambda-2\chi}}{M\sqrt{2}} \quad \frac{B_1(\theta x)\, B_2(x)}{\max(B_1\, B_2, K)} .$$

De même nous pouvons écrire :

$$\begin{aligned} |v_2| &= |d_x\theta \; u_2 + (F_x y - (d_x\theta(y))_2| \\ &\leq \frac{e^{\lambda_2+\chi}\, B_2(x)}{B_2(\theta x)} \; |u_2| + M||y||_x^{\alpha} . \end{aligned}$$

Si la première conclusion de (5.4.ii) est vraie, nous pouvons majorer $||y||_x$ et $|u_2|$ en fonction de $|u_1|$, et $|u_1|$ en fonction de $|v_1|$.

Nous obtenons :

$$B_1(\theta x)\, B_2(\theta x)\, |v_2| \leq K|v_1|\, (e^{\lambda_2-\lambda_1+3\chi} + ||y||_x^\alpha \, . \, M_2)$$

avec :
$$M_2 = M\sqrt{2}\, e^{-\lambda_1 + 2\chi} \max\left(\frac{B_2.\theta.B_1}{K} , \frac{B_2.\theta}{B_2} \right).$$

La deuxième conclusion de(5.4.ii) est vraie dès que :

(4) $$||y||_x^\alpha \leq \frac{1-e^{\lambda_2-\lambda_1+3\chi}}{M_2} \ .$$

En appelant D_1 et D_2 les constantes convenables et en appliquant le lemme 5.3.i avec $\varepsilon\alpha/2$, nous savons que (3) et (4) sont réalisés dès que :

$$||y||_x^\alpha \leq D_1 \quad \min\left(\frac{1}{K}, \frac{1}{A^2_{\frac{\varepsilon\alpha}{2}}(x)}\right) \quad \text{et}$$

$$||y||_x^\alpha \leq D_2 \quad \min\left(\frac{1}{K}, \frac{1}{A_{\frac{\varepsilon\alpha}{2}}(x)}\right). \frac{1}{A_{\frac{\varepsilon\alpha}{2}}(\theta x)} \ .$$

Si nous appelons alors $(C(\varepsilon,K,x))^\alpha$ la plus petite de ces quantités et de δ^α, la propriété ii) suit de (3) et (4) et la propriété i) de (5.3.ii).

En échangeant le rôle de θ et θ^{-1} nous avons de même :

5.4 (bis) - <u>Lemme</u>

Soient $0 < \varepsilon < \chi\alpha$, K fixés et x un point de X_0. Notons pour y dans T_xX, $y = (u_1,u_2)$ ses coordonnées.

Il existe des fonctions mesurables $B_1'(x)$, $B_2'(x)$, $C'(\varepsilon,K,x)$ définies sur X_0 telles que :

i) $C'(\varepsilon,K,\theta^{-1}x) \geq e^{-\varepsilon}\, C'(\varepsilon,K,x)$

ii) si à la fois $||y||_x \leq C'(\varepsilon,K,x)$ et $B_1'(x)B_2'(x)\ |u_1| \leq K\ |u_2|$

alors $F^{-1}_{\theta^{-1}x}\, y = (w_1,w_2)$ est bien défini et vérifie :

$$|w_2| \geq |u_2|\, e^{-\lambda_2- 2\chi}\, \frac{B_2'(\theta x)}{B_2'(x)}$$

et $B_1'(\theta^{-1}x)\ B_2'(\theta^{-1}x)\ |w_1| \leq K\ |w_2|$.

Nous pouvons maintenant faire le raisonnement annoncé plus haut pour estimer $m(B(x,e^{n}))$: choisissons K assez grand pour que sur un ensemble A de mesure positive, à la fois B_1, B_2, B'_1, B'_2 sont inférieurs à K.

Alors 5.4 et 5.4 bis montrent que si x appartient à A et y vérifie :

$$d(\theta^i x,\theta^i y) \leq C(\varepsilon, K^2,\theta^i x) \text{ pour } 0 \leq i \leq \frac{n}{\lambda_1 - 2\chi}$$

$$d(\theta^i x,\theta^i y) \leq C^1(\varepsilon, K^2,\theta^i x) \text{ pour } \frac{n}{\lambda_2 + 2\chi} \leq i \leq 0$$

alors $d(x,y) \leq 2\,K\,e^{-n}$.

En effet, en considérant les coordonnées (u_1, u_2) de $\exp_x^{-1} y$, nous avons ou bien $|u_2| \leq |u_1|$, et donc $B_1\, B_2\, |u_2| \leq |u_1|\, K^2$ et nous pouvons appliquer 5.4 successivement en tous les points $\theta^i x$ aux images $\theta^i y$, $0 \leq i < \frac{n}{\lambda_1 - 2\chi}$, ou bien $|u_1| \leq |u_2|$, et donc $B'_1\, B'_2\, |u_1| \leq |u_2|\, K^2$ et nous pouvons appliquer 5.4 bis successivement en tous les points $\theta^i x$ aux images $\theta\, y$, $\frac{x}{\lambda_2 + 2\chi} < i \leq 0$.

Nous trouvons dans le premier cas :

$$\delta \geq d(\theta^{n/\lambda_1 - 2\chi} x,\ \theta^{n/\lambda_1 - 2\chi} y) \geq |u_1|\, e^n\, \frac{B_1(\theta^{n/\lambda_1 - 2\chi} x)}{B_1(x)}$$

$$\geq \frac{1}{2}\, d(x,y)\, e^n\, \frac{1}{K}$$

et de même dans le second cas.

Nous appliquons ensuite le lemme 5.5 suivant, dont la démonstration sera donnée en appendice (paragraphe 6).

5.5 - <u>Lemme</u>

Soient X une variété compacte θ une application différentiable de X dans X et m une mesure de probabilité invariante. Soit f une fonction mesurable, $f > 0$ m-presque partout, telle qu'il existe $0 < A < 1$ avec $f(\theta x) \geq A\, f(x)$. Il existe un ensemble B de mesure arbitrairement proche de un et une partition P_B d'entropie finie tels que si x appartient à B et si y et x sont dans le même élément de chaque partition $\theta^{-i} P_B$, $0 \leq i < k$, alors $d(\theta^i x,\theta^i y) \leq f(\theta^i x)$ pour $0 \leq i < k$.

En appliquant le lemme 5.5 aux fonctions $C(\varepsilon, K^2, x)$ et $C'(\varepsilon, K^2, x)$, nous trouvons deux ensembles B et B', de mesure assez grande pour que $m(A \wedge B \wedge B') > 0$ et deux partitions P_B et $P'_{B'}$, tels que si x appartient à $A \cap B \cap B'$ et si y et x sont dans le même élément de chaque partition $\theta^i Q$, $-\frac{n}{\lambda_1 - 2\chi} \leq i \leq -\frac{n}{\lambda_2 + 2\chi}$ avec $Q = P_B \vee P'_{B'}$, alors $d(x,y) \leq 2\delta K e^{-n}$. D'après le théorème 3.3 cela implique que si x appartient à $A \cap B \cap B'$ nous avons :

$$\limsup_{\varepsilon \to 0} \frac{\log m(B(x,\varepsilon))}{\log \varepsilon} \leq h_m(Q,\theta)\left(\frac{1}{\lambda_1 - 2\chi} - \frac{1}{\lambda_2 + 2\chi}\right).$$

En remarquant que $h_m(Q,\theta)$ est majoré par $h_m(\theta)$ et que le premier membre est une fonction invariante, nous avons l'estimation suivante valable m presque partout ;

$$\limsup_{\varepsilon \to 0} \frac{\log m(B(x,\varepsilon))}{\log \varepsilon} \leq h_m(\theta)\left(\frac{1}{\lambda_1 - 2\chi} - \frac{1}{\lambda_2 + 2\chi}\right).$$

Le théorème 5.1 suit alors de l'arbitraire de χ.

Références et remarques :

Le théorème 5.1 est dû à Young. Les Lemmes 5.2 à 5.4 bis sont typiques de la théorie "à la Pesin" : nous utilisons le théorème d'Osseledets pour faire un changement de norme dans l'espace tangent tel que la différentielle est alors uniformément contractante ou dilatante. De plus, et c'est le point important, toutes les approximations sont contrôlées par des fonctions qui croissent ou décroissent lentement le long des orbites (propriété 5.3 i). La condition de Hölder intervient alors pour conserver cette propriété quand on délinéarise. Il est alors possible d'étendre beaucoup de résultats obtenus pour les systèmes "uniformément hyperboliques". Le mieux est de se reporter aux articles :

Ya.B.PESIN : Families of invariant manifolds corresponding to Non-zero characteristic Exponents. Math. of the USSR Izvestija, 10;6 (1978) p. 1261-1305.

A. FATHI, M.R. HERMAN, J.C. YOCCOZ : A proof of Pesin's stable manifold theorem. Prépublication - Orsay (1981).

A. KATOK : Lyapunov exponents, entropy and periodic orbits for diffeomorphisms Publ. Math. I.H.E.S. 51 (1980) 137-174.

Le Théorème 5.1 est également valable en dimension 1 :

Si θ est une application $C^{1+\alpha}$ d'un intervalle dans lui-même si m est une mesure ergodique telle que $\int \log |d\theta|\, dm > 0$, alors m-presque partout :

$$h_m(\theta) = \int \log |d\theta|\, dm \,.\, \lim_{\varepsilon \to 0} \frac{\log m(x-\varepsilon,\ x+\varepsilon)}{\log \varepsilon}$$

(Remarquons au contraire que par une modification du lemme 4.2, il est facile de voir que Lebesgue presque partout

$$\liminf_{\varepsilon \to 0} \frac{\log m(x-\varepsilon\ ,x+\varepsilon)}{\log \varepsilon} \geq 1\ ).$$

En dimension plus grande que 2, il suffit de considérer les produits de deux systèmes pour se convaincre qu'il n'existe pas de formule aussi simple que 5.1 valable en toute généralité.

Dans un article qui est à l'origine de ce regain d'intérêt pour la dimension en systèmes dynamiques,

P. FREDIRCKSON, J. KAPLAN, E. YORKE et J. YORKE : (The Liapounov Dimension of Strange Attractors, à paraître dans J. Diff. Eq.)

introduisent la notion de dimension de Liapounov. Soient $(X, \mathcal{a}, m, \theta)$ un système différentiable, $\lambda_1 \geq \lambda_2 \geq .. \geq \lambda_d$ les exposants caractéristiques. Soit j le dernier entier tel que $\lambda_1 + \ ... + \lambda_j \geq 0$.

Posons $$\text{lia-dim } m = j + \frac{\lambda_1 + ... + \lambda_j}{|\lambda_{j+1}|}$$

(lia-dim $m = 0$ si $\lambda_1 < 0$, $= d$ si $\lambda_1 + ... + \lambda_d > 0$).

On peut montrer que si $d_x\theta$ satisfait à une condition de Hölder et si le système est ergodique, $\dim_2 m \leq$ lia dim m . (Cf. notes du paragraphe 4 pour la définition de $\dim_2$).

Inversement dès la dimension 2, le théorème 5.1 montre que l'on ne peut avoir dim m = lia-dim m et dim X = 2 que si $h_m(\theta) = \lambda_1$, c'est-à-dire si on a égalité dans 2.2, ce qui n'est réalisé que pour certaines mesures (cf. notes du paragraphe 2).

6 - Appendice au chapitre II : démonstration du lemme 5.5

La démonstration du lemme 5.5 repose sur deux observations :

6.1 - Soit B un sous-ensemble de X de mesure positive, notons, pour $n \geq 1$,

$$B_n = \{x \in B / \theta^i x \notin B \quad 0 < i < n, \quad \theta^n x \in B\} .$$

Alors B_n, $n \geq 1$ forme une partition de B et $\sum_{n \geq 1} n \ m(B_n) = 1$ (Formule de Kač).

6.2 - Soit X une variété compacte de dimension d. Il existe une constante C tel que si E est un ensemble ε séparé dans X, card $E \leq C \ \varepsilon^{-d}$.

Reprenons les notations de l'énoncé de 5.5. Pour tout $\delta > 0$ posons $B_\delta = \{f > \delta\}$. On peut choisir δ de manière à ce que la mesure de B_δ soit arbitrairement proche de 1. Supposons δ_0 choisi et notons $B = B_{\delta_0}$.

Soit L une constante de Lipschitz globale pour la transformation θ et pour chaque $n \geq 1$ choisissons E_n un ensemble $\frac{\delta A^n}{2L^n}$ séparé maximal dans X et Q_n une partition subordonnée. Par maximalité de E_n, les éléments $Q_{n,j}$ de Q_n sont de diamètre inférieur à $\frac{\delta A^n}{L^n}$.

Considérons alors P la partition dont les éléments sont $B_0 = X \setminus B$ et les $B_n \cap Q_{nj}$, $n \geq 1$, et vérifions les propriétés annoncées.

Si x appartient à B et si y appartient au même élément de P que x, x et y appartiennent au même ensemble B_{n_0} et donc $\theta^{n_0} x$ et $\theta^{n_0} y$ appartiennent à B.

D'autre part nous avons comme x est dans B_{n_0} et y dans le même ensemble $Q_{n_0,j}$,

$$d(x,y) \leq \frac{A^{n_0}\delta}{L^{n_0}} \leq \frac{A^{n_0} f(x)}{L^{n_0}} .$$

Pour $0 \leq i < n_0$, nous avons donc :

$$d(\theta^i x, \theta^i y) \leq L^i \ d(x,y) \leq \frac{L^i}{L^{n_0}} \ A^{n_0} \ f(x) \leq A^i f(x) \leq f(\theta^i x),$$

ce qui montre la propriété pour $0 \leq i < n_0$.

Si $k \leq n_0$ il n'y a rien à montrer de plus ; sinon nous pouvons recommencer à partir de $\theta^{n_0} x$ et $\theta^{n_0} y$ qui sont également dans le même élément de P. Et ainsi de suite jusqu'au premier instant n supérieur à k où $\theta^n x$ appartient à B.

Reste à vérifier que $H(P) < \infty$. Nous avons en notant R la partition de X en B_n, $n \geq 0$.

$$H(P) = H(R) + H(P \mid R).$$

Comme $\sum_{n=1}^{\infty} n\, m(B_n) < +\infty$, $H(R) < \infty$ et d'autre part :

$$H(P/R) \leq \sum_{n=1}^{\infty} m(B_n) \log(\text{card } Q_n)$$

$$\leq \sum_{n=1}^{\infty} m(B_n) \left(\log \frac{C2^d}{\delta^d} + n \log \frac{L^d}{A^d}\right)$$

$$< + \infty.$$

Ceci achève la démonstration du lemme.

Le lemme et sa démonstration sont dus à Mañé,

R. MAÑE : A proof of Pesin's formula. Ergod. Th. & Dynam. Sys. 1 (1981) 77-93.

III - FAMILLES INDEPENDANTES

1. La formule de Fürstenberg pour λ_1

Dans ce chapitre nous considérons une famille indépendante de matrices. Nous nous limiterons à des matrices de déterminant 1.

Plus précisément nous considérons l'ensemble M des mesures de probabilités sur SL(d, R) telles que :

i) $\int \log ||g|| \mu(dg) < + \infty$

ii) il n'existe pas de réunion finie de sous-espaces vectoriels propres de $\mathbb{R}^d$ invariante par μ-presque tout g.

La condition ii) est appelée l'irréductibilité. L'ensemble des mesures de probabilité sur SL(d, $\mathbb{R}$) vérifiant i) est muni de la topologie faible définie par les fonctions continues majorées en valeur absolue par k log $||g||$, $k \geq 0$. Il est clair alors que l'ensemble M est une intersection dénombrable d'ouverts dans cet espace. L'ensemble M est donc un espace polonais pour la topologie induite.

Soit μ une mesure de M. Pour décrire une famille indépendante de matrices de loi μ, nous considérerons l'espace (X,m), où $(X,m) = (SL(d, \mathbb{R}),\mu)^{\mathbb{N}}$ est l'espace produit de $\mathbb{N}$ copies de (SL(d,$\mathbb{R}$), μ), la transformation θ décalage des coordonnées $(\theta x)_n = x_{n+1}$ $n \geq 0$, et l'application A de X dans SL(d,$\mathbb{R}$) définie par la première coordonnée, $A(x) = x_0$.

D'après la condition i), nous pouvons appliquer I 1.1 et définir alors les exposants caractéristiques $\lambda_1,\ldots, \lambda_d$ d'une famille indépendante de matrices de loi μ.

Remarquons que si A est une matrice de SL(d, $\mathbb{R}$) $1 \leq ||A^{-1}|| \leq C(d)\ ||A||^{d-1}$ et donc que nous avons également $\int \log ||A^{-1}(x)||m(dx)< \infty$ si bien que $\lambda_d > - \infty$.

Nous considérons encore comme au paragraphe I.5 l'espace $\mathbb{P}^{d-1}$ des directions de $\mathbb{R}^d$ et l'action naturelle de SL(d,$\mathbb{R}$) sur cet espace. Si ν est une mesure de probabilité sur $\mathbb{P}^{d-1}$, nous notons $\mu * \nu$ la mesure définie par :

$$\int f(t)\ \mu * \nu(dt) = \int f(gt)\ \nu(dt)\ \mu(dg).$$

Nous notons I_μ l'ensemble des mesures de probabilité sur $\mathbb{P}^{d-1}$ invariantes par μ, c'est-à-dire des mesures ν telles que $\mu * \nu = \nu$. L'ensemble I_μ est un convexe compact non vide de mesures de probabilité sur $\mathbb{P}^{d-1}$.

1.1 - Théorème

Soit F la fonction sur $(SL(d, \mathbb{R}) \times P^{d-1})$ définie par

$$F(g,\dot{t}) = \log \frac{||gt||}{||t||} \quad \text{pour un } t \text{ non nul de } \dot{t}.$$

Quelle que soit la mesure ν de I_μ,

$$\lambda_1 = \int (F(g,\dot{t})\ \mu(dg)\ \nu(d\dot{t}).$$

Démonstration :

Considérons sur $X \times \mathbb{P}^{d-1}$ la transformation :

$$\hat{\theta} : \hat{\theta}(x,\dot{t}) = (\theta x, x_0\dot{t})$$

et remarquons que si ν est une mesure de I_μ, la mesure produit $m \times \nu$ est $\hat{\theta}$ invariante. Si nous notons encore $F(x,t) = \log \frac{||x_0 t||}{||t||}$, nous avons immédiatement la formule

$$\sum_{i=0}^{n-1} F(\hat{\theta}^i(x,\dot{t})) = \log \frac{||x_{n-1} \cdots x_0 t||}{||t||}.$$

En appliquant le théorème ergodique ponctuel, il vient que pour $m \times \nu$ -presque tout $(x,\dot{t})$, la suite $\frac{1}{n} \log \frac{||x_{n-1} \cdots x_0 t||}{||t||}$ converge vers une fonction invariante, version de l'espérance conditionnelle de F par rapport à la σ-algèbre des invariants $E(F\,|\,\mathfrak{J})$. Autrement dit, il existe un ensemble X_1, $m(X_1) = 1$, tel que si x appartient à X_1, la convergence a lieu pour ν-presque tout t.

D'autre part, d'après le théorème I 3.1 il existe un ensemble X_0, X_0, $m(X_0) = 1$, tel que si x est dans X_0, il existe un sous-espace vectoriel propre de $\mathbb{R}^d$ V_x^{r-1} tel que si t n'est pas dans V_x^{r-1}, alors $\frac{1}{n} \log \frac{||x_{n-1} \cdots x_0 t||}{||t||}$ converge vers λ_1.

Nous avons donc $E(F|\mathfrak{J}) = \lambda_1$ $(m \times \nu)$ p.s. et donc la conclusion du théorème sauf si :

(1) $\quad m(\{x \mid x \in X_0,\ \nu(V_x^{r-1}) > 0\}) > 0.$

Montrons que la condition d'irréductibilité interdit que (1) soit réalisé. Plus précisément, la mesure ν est "diffuse" dans le sens où il n'y a pas de sous-espace de dimension finie propre chargé par ν .

En effet, soit d_0 la plus petite dimension telle que il existe un sous-espace V de $\mathbb{R}^d$ de dimension d_0 chargé par ν , et ν_0 la plus grande mesure d'un sous-espace de dimension d_0. Soient $V_1, V_2, \ldots, V_k$ les sous-espaces tels que $\nu(\dot{V}_i) = \nu_0 \quad i=1,\ldots k.$

Si $d_0 < d$, la relation d'invariance :

$$\nu(\dot{V}_i) = \int \nu(g^{-1}\dot{V}_i)\, \mu(dg)$$

ne peut être satisfaite que si les $g^{-1} V_i$ sont des V_j μ-presque partout et donc si la réunion des V_j, $j=1,\ldots, k$ est invariante par μ-presque tout g, ce qui contredit l'irréductibilité de μ.

1.2 - Corollaire

L'application qui à μ associe $\lambda_1(\mu)$ est continue sur M .

Considérons en effet une suite μ_n convergeant vers μ dans M et ν_n une mesure de I_{μ_n}, $n \geq 0$. Pour toute sous-suite n_k, $k \geq 0$, la suite de mesures sur l'espace compact ν_{n_k} admet des points d'accumulation faible. Pour tout point d'accumulation ν_∞ d'une sous-suite (notée encore ν_n, $n \geq 0$) nous pouvons affirmer que ν_∞ appartient à I_μ car $\mu \times \nu_\infty$ est la limite faible des mesures $\mu_n \times \nu_n$ et en particulier $\mu * \nu_\infty$ est la limite faible des mesures $\mu_n * \nu_n$, i.e. $\mu * \nu_\infty = \nu_\infty$.
Donc d'après 1.1, nous avons :

$$\lambda_1(\mu) = \int F(g,t)\, \mu(dg)\, \nu_\infty(dt)$$

$$= \lim_n \int F(g,t)\, \mu_n(dg)\, \nu_n(dt),$$

car la fonction F(g,t) est continue et majorée par $\log||g||$; nous avons $\lambda_1(\mu) = \lim \lambda_1(\mu_n)$ d'après 1.1 encore. Ceci établit la continuité de λ_1.

1.3 - Corollaire

Si μ appartient à M , pour tout vecteur v de R^d, $v \neq 0$,
$\lim_n \frac{1}{n} \log||A^{(n)}(x)\, v|| = \lambda_1$ m presque partout quand n tend vers l'infini.

Nous avons en effet par I-3.5 que sur un ensemble X_0 de mesure un la limite existe pour tout v non nul de $\mathbb{R}^d$ et est un des exposants.

En particulier si $x \in X_0$, $\lim_n \frac{1}{n} \log ||A^{(n)}(x)\ v|| \leq \lambda_1$.

Soient alors v_0 dans $\mathbb{R}^d$ tel que :

$$m(\lim_n \frac{1}{n} \log ||A^{(n)}(x)\ v_0|| < \lambda_1) > 0 \quad \text{et } t_0 = \dot{v}_0$$

la direction de v_0.

Formons successivement $\mu_0 = \delta_{t_0}$, $\mu_n = \mu * \mu_{n-1}$, $\nu_n = \frac{1}{n} \sum_{i=0}^{n-1} \mu_i$ et choisissons ν un point d'accumulation faible de la suite ν_n de mesures sur $\mathbb{P}^{d-1}$.

La mesure ν est invariante, appartient à I_μ et nous avons :

$$\int F(g,t)\ \mu(dg)\nu(dt) \leq \overline{\lim}\ \frac{1}{n} \sum_{i=0}^{n-1} \int(\int F(g,t)\ \mu(dg))\ \mu_i(dt)$$

$$\leq \int \overline{\lim_n}\ \frac{1}{n} \sum_{i=0}^{n-1} F(g,\ x_{i-1}\ x_{i-2} \ldots x_0 v_0)\ \mu(dg)\mu(dx_{i-1}) \ldots \mu(dx_0)$$

car $F(g.) \leq \log ||g||$

$$= \int \overline{\lim_n}\ \frac{1}{n} \log \frac{||A^{(n)}(x)\ v_0||}{||v_0||}\ m(dx)$$

$$= \int \lim_n \frac{1}{n} \log ||A^{(n)}(x)\ v_0|| m(dx)$$

car nous savons que la limite existe presque partout. Notre hypothèse sur v_0 impose alors que $\int F(g.t)\ \mu(dg)\ \nu(dt) < \lambda_1$, ce qui contredit (1.1)∎

Remarquons que ici, l'ensemble de convergence de (1.3) dépend de V_0, comme nous le verrons plus loin (théorème IV 1.2) sur un exemple.

Références :

Les résultats de ce paragraphe (et des suivants) sont dans :

H. FÜRSTENBERG : Non-commuting random products.Transactions. Amer. Math. Soc. 108 (1963) p. 377-428. (cf. en particulier le théorème 8.5).

Notre exposition ici n'est ni meilleure ni plus simple, nous voulons utiliser le lien entre le théorème d'Osseledets et ces résultats. cf. aussi :

Y. GUIVARC'H : Quelques propriétés asymptotiques des produits de matrices aléatoires. Ecole d'été de probabilités de Saint-Flour VIII. 1978. Springer L.N in maths 774 (1980).

Y. GUIVARC'H : Sur les exposants de Liapunoff des marches aléatoires à pas markovien. C.R.A.S. Paris.

La continuité 1.2, même en dehors de M est également discutée par :

Y. KIFER : Perturbations of random matrix products Z. Wahrscheinlichkeittheorie u. verw. Geb. 61 (1982) 83-95.

Y. KIFER and E. SLUD : Perturbations of random matrix products in a reducible case prétirage.

2 - Entropie d'un produit indépendant de matrices

Nous introduisons dans ce paragraphe un nombre associé à une mesure μ de M.

Soient μ une mesure de M, ν une mesure sur $\mathbb{P}^{d-1}$, ν appartenant à I_μ.

Posons $a(\mu,\nu) = -\frac{1}{d} \int \log \frac{dg^{-1}\nu}{d\nu}(\dot{t})\ \nu(d\dot{t})\ \mu(dg)$, avec la convention que si $\frac{dg^{-1}\nu}{d\nu} = 0$, $-\log \frac{dg^{-1}\nu}{d\nu} = +\infty$ mais que l'on néglige cette contribution si elle n'intervient que sur un ensemble négligeable.

Remarquons que pour tout $(g,\dot{t})$, nous avons $-\log \frac{dg^{-1}\nu}{d\nu}(\dot{t}) \geq 1 - \frac{dg^{-1}\nu}{d\nu}(\dot{t})$ et que $(g,\dot{t}) \to \frac{dg^{-1}\nu}{d\nu}(\dot{t})$ est une version de la densité de la mesure $g^{-1}\nu(d\dot{t})\mu(dg)$ par rapport à la mesure $\nu \times \mu$. La fonction $-\log \frac{dg^{-1}\nu}{d\nu}(\dot{t})$ est donc minorée par une fonction intégrable, d'intégrale positive ou nulle. L'intégrale a bien un sens et définit un nombre positif, fini ou infini.

Remarquons encore que si $a(\mu,\nu)$ est fini, alors pour μ-presque tout g, nécessairement la mesure ν est absolument continue par rapport à $g^{-1}\nu$, ou encore $g\nu$ est absolument continue par rapport à ν.

2.1 - Définition

On appelle entropie de μ le nombre $\alpha(\mu)$

$$\alpha(\mu) = \inf \{a(\mu,\nu),\ \ \nu \in I_\mu\}.$$

2.2 - Théorème

La fonction réelle positive qui à μ dans M associe son entropie $\alpha(\mu)$ est semi-continue inférieurement sur M. De plus, il existe ν_0 dans I_μ telle que $\alpha(\mu) = a(\mu,\nu_0)$.

Démonstration :

Nous avons d'abord quelques lemmes pour contrôler le comportement des quantités $a(\mu,\nu)$.

2.3 - Lemme

Soient μ_n une suite convergeant vers μ dans M, ν_n des mesures de I_{μ_n} convergeant faiblement vers une mesure ν de I_μ, A un sous-ensemble ouvert de $\mathbb{P}^{d-1}$ dont la frontière est incluse dans une réunion finie de sous-espaces vectoriels propres de $\mathbb{R}^d$. Nous avons alors :

$$-\nu(A) \int \log \nu(gA) \leq \liminf_n - \nu_n(A) \int \log \nu_n(gA)\, \mu_n(dg).$$

Démonstration de 2.3 :

Observons d'abord que $-\log(1-t) = \sum_{m=1}^{\infty} \frac{t^m}{m}$ et donc qu'il suffit d'établir que pour tout $m \geq 1$

$\int (1-\nu_n(gA))^m\, \mu_n(dg)$ converge vers $\int (1-\nu(gA))^m\, \mu(dg)$ quand n tend vers l'infini, et que $\nu_n(A)$ tend vers $\nu(A)$.

Or nous savons que ν_n tend vers ν faiblement, que les mesures $\mu_n^{(m)}$ sur $SL(d,\mathbb{R}) \times (\mathbb{P}^{d-1})^m$ définies par :

$$\mu_n^m = g^{-1}\nu_n(dt_1)\, g^{-1}\nu_n(dt_2) \ldots g^{-1}\nu_n(dt_n)\, \mu_n(dg)$$

convergent faiblement vers la mesure

$$\mu_\infty^m = g^{-1}\nu(dt_1)\, g^{-1}\nu(dt_2) \ldots g^{-1}\nu(dt_m)\, \mu(dg),$$

et enfin que les ensembles considérés $t_1 \notin A, t_2 \notin A, \ldots t_m \notin A$ sont des fermés de $SL(d,\mathbb{R}) \times (\mathbb{P}^{d-1})^m$ de frontière négligeable pour μ_∞^m.

Les convergences annoncées en découlent immédiatement ∎

Notons $\mathcal{R}$ l'ensemble des recouvrements finis $\mathcal{A}$ de $\mathbb{P}^{d-1}$ par des ensembles A_i tels que la frontière de chaque A_i est incluse dans une réunion finie de sous-espaces vectoriels propres de $\mathbb{R}^d$, et les intérieurs des ensembles A_i sont disjoints. Posons pour μ dans M, ν dans I_μ et $\mathcal{A}$ dans $\mathcal{R}$:

$$\rho(\mathcal{A}, \mu, \nu) = -\int \Big(\sum_{A \in \mathcal{A}} \nu(A) \log \frac{\nu(gA)}{\nu(A)} \Big)\, \mu(dg).$$

Avec ces notations nous avons :

2.4 - Corollaire

Pour tout μ de M et $\mathcal{A}$ de $\mathcal{R}$, il existe ν_a dans I_μ tel que $\rho(\mathcal{A}, \mu, \nu_a) \leq \rho(\mathcal{A}, \mu, \nu)$ pour tout ν dans I_μ.

La fonction $\mu \to \rho(\mathcal{A}, \mu, \nu_a)$ est alors semi-continue inférieurement sur M.

Le corollaire suit clairement de 2.3 et du fait que I_μ est fermé dans le compact des mesures de probabilités sur P^{d-1}.

2.5 - Lemme

i) Si le recouvrement $\mathcal{G}$ raffine $\mathcal{G}'$ (i.e. chaque élément de $\mathcal{G}$ est inclus dans un élément de $\mathcal{G}'$)

$$\rho(\mathcal{G}', \mu, \nu) \leq \rho(\mathcal{G}, \mu, \nu)$$

ii) $$d\, da(\mu,\nu) = \sup \{\rho(\mathcal{G}, \mu,\nu) \; ; \mathcal{G} \in \mathcal{R}\} .$$

Démonstration de 2.5

Nous avons en effet :

$$\rho(\mathcal{G}', \mu,\nu) = -\int \log \Big(\sum_{A' \in \mathcal{G}'} 1_{A'}(t) \frac{\nu(gA')}{\nu(A')} \Big) \nu(dt)\, \mu(dg)$$

et

$$\sum_{A' \in \mathcal{G}'} 1_{A'}(t) \frac{\nu(gA')}{\nu(A')} = \nu \Big(\sum_{A \in \mathcal{G}} 1_A(t) \frac{\nu(gA)}{\nu(A)} \,\Big|\, \sigma(\mathcal{G})\Big)$$

où $\sigma(\mathcal{G})$ désigne le σ-algèbre engendrée par la partition (aux négligeables près) $\mathcal{G}$. La propriété i) suit alors de l'inégalité de Jensen. Pour établir la propriété ii), rappelons que $\frac{dg^{-1}\nu}{d\nu}$ désigne la densité de la partie absolument continue de la mesure $g^{-1}\nu$ par rapport à la mesure ν . Nous avons alors :

$$\sum_{A \in \mathcal{G}} 1_A(t) \cdot \frac{\nu(gA)}{\nu(A)} \geq E_\nu \Big(\frac{dg^{-1}\nu}{d\nu} \,\Big|\, \sigma(\mathcal{G})\Big)$$

et donc $\rho(\mathcal{G}, \mu, \nu) \leq d\, a(\mu,\nu)$ par Jensen .

D'autre part considérons une suite $\mathcal{G}_n$ d'éléments de $\mathcal{G}$, de plus en plus fins et tels que le diamètre maximal des éléments de $\mathcal{G}_n$ tende vers zéro. Alors la suite $\sum_{A \in \mathcal{G}_n} 1_A(t) \frac{\nu(gA)}{\nu(A)}$ converge pour tout g ν-presque partout vers la fonction $\frac{dg^{-1}\nu}{d\nu}$ et nous pouvons écrire :

$$d\, a(\mu,\nu) = - \int \log \frac{dg^{-1}\nu}{d\nu}(t) \quad \nu(dt) \;\; \mu(dg)$$

$$= \lim_{M,M' \to +\infty} - \int \log \Big[\max \Big(\min\Big(\frac{dg^{-1}\nu}{d\nu}(t), M'\Big), \frac{1}{M}\Big)\Big] \nu(dt)\mu(dg)$$

car la fonction $- \log \frac{dg^{-1}\nu}{d\nu}(t)$ est minorée par une fonction intégrable.

Nous avons alors, par convergence dominée :

$$d\, a(\mu,\nu) =$$

$$= \lim_{M,M' \to \infty} \lim_{n \to \infty} - \int \log \Big[\max \Big(\min\Big(\sum_{A \in \mathcal{G}_n} 1_A(t) \frac{\nu g(A)}{\nu(A)}, M'\Big), \frac{1}{M}\Big)\Big] \nu(dt)\mu(dg)$$

$$\leq \lim_{M' \to \infty} \sup_n - \int \log\Big(\min \Big(\sum_{A \in \mathcal{G}_n} 1_A(t) \frac{\nu(gA)}{\nu(A)}, M'\Big)\Big) \nu(dt)\, \mu(dg)$$

$$\leq \lim_{M'\to\infty} \sup_n \rho(\mathcal{C}_n, \mu,\nu) + \int (\sum_{A\in \widehat{\mathcal{C}}_n(g,M')} \nu(A) \log \frac{\nu(gA)}{\nu(A)} \mu(dg)$$

n appelant $\widehat{\mathcal{C}}_n(g,M')$ l'ensemble des parties de $\mathcal{C}_n$ où $\frac{\nu(gA)}{\nu(A)} > M'$.

Remarqons que $\sum_{A\in \widehat{\mathcal{C}}_n(g,M')} \nu(A) \log \frac{\nu(gA)}{\nu(A)}$ s'écrit aussi $\sum_{\in \widehat{\mathcal{C}}_n(g,M')} \frac{\nu(A)}{\nu(gA)} \log \frac{\nu(gA)}{\nu(A)} \nu(gA)$ et que sur $\widehat{\mathcal{C}}_n(g,M')$, $\frac{\nu(A)}{\nu(gA)} \log \frac{\nu(gA)}{\nu(A)} \leq \frac{\log M'}{M'}$.

Nous avons finalement :

$$d\, a(\mu,\nu) \leq \lim_{M'\to\infty} (\sup \rho(\mathcal{C},\mu,\nu) + \frac{\log M'}{M'}) \leq \sup \rho(\mathcal{C}, \mu,\nu)$$

e qui achève la démonstration de la propriété ii).

Le théorème 2.2 suit alors de 2.4 et 2.5 par un argument de compacité. ppellons en effet $M(\mathcal{C},\mu)$ l'ensemble des mesures ν de I_μ telles que :

$$\rho(\mathcal{C}, \mu,\nu) \leq \sup \{\rho(\mathcal{C}', \mu, \nu_{a'}) ; \mathcal{C}'\in \mathcal{R}\} .$$

D'après 2.4 l'ensemble $M(\mathcal{C},\mu)$ est un fermé non vide de I_μ. De plus i $\mathcal{C}'$ raffine $\mathcal{C}$, $M(\mathcal{C}',\mu)$ est contenu dans $M(\mathcal{C}, \mu)$. L'intersection M_0 des $M(\mathcal{C},\mu)$ our tous les $\mathcal{C}$ de $\mathcal{R}$ n'est donc pas vide et si ν_0 est une mesure de M_0, nous avons :

$d\alpha(\mu) \leq d\, a(\mu,\nu_0)$ par définition

$\leq \sup \{\rho(\mathcal{C}, \mu, \nu_0) \,|\, \mathcal{C}\in \mathcal{R}\}$ par (2.5 ii))

$\leq \sup \{\rho(\mathcal{C}', \mu,\nu_{a'}), \mathcal{C}'\in \mathcal{R}\}$ car ν_0 appartient à $M(\mathcal{C},\mu)$ pour out $\mathcal{C}$,

$\leq \sup_{\mathcal{C}} \inf_{I_\mu} \rho(\mathcal{C}', \mu, \nu)$ par définition de $\nu_{\mathcal{C}'}$

$\leq \inf_{I_\mu} \sup_{\mathcal{C}'} \rho(\mathcal{C}', \mu, \nu) = d\, \alpha(\mu)$.

Ces inégalités sont donc des égalités, ce qui montre à la fois que $\alpha(\mu) = a(\mu,\nu_0)$ pour ν_0 dans M_0 et que $\alpha(\mu) = \frac{1}{d} \sup \{\rho(\mathcal{C}', \mu,\nu_{a'}), \mathcal{C}'\in\mathcal{R}\}$.

D'après 2.4 la fonction $\mu \longrightarrow \alpha(\mu)$ est donc donnée par la plus grande aleur d'une famille de fonctions semi-continues inférieurement. C'est encore une onction semi-continue inférieurement, et ceci achève la démonstration du théorème 2.2.

Références :

Pour les lemmes 2.3 et 2.5, nous avons adaptés à nos conditions des résultats connus de théorie de l'information (théorème de Gel'fand, Yaglom et Perez):

I M GEL'FAND AND A.M. YAGLOM : Calculation of the amount of information about a random function contained in another such function. American Math. Soc. Translation Série 2 12 (1959), p. 199-246.

M.S. PINSKER : Information and information stability of Random variables and processes. Holden day (1964). Voir en particulierles chapitres 2 et 3 et les notes du traducteur.

A. PEREZ : Notions généralisées d'incertitude, d'entropie et d'information du point de vue de la théorie des martingales.
Transactions of the first Prague conference on Information theory, statistical theory statistical Decision functions, Random processes. Prague (1957) p. 183-208.

3. Critère de Fürstenberg

Le but de ce paragraphe est d'établir :

3.1 - Théorème

Soient μ une mesure de M , $\alpha(\mu)$ son entropie, $\lambda_1(\mu)$ le plus grand exposant caractéristique $\alpha(\mu) \leq \lambda_1(\mu)$.

Démonstration :

Pour démontrer 3.1 nous considérons d'abord le cas particulier où il existe ν dans I_μ équivalente à la mesure de Lebesgue sur $\mathbb{P}^{d-1}$. Dans ce cas la formule se déduit facilemement de 1.1. Puis nous montrerons que ce cas particulier est en fait dense dans M et nous utiliserons les continuités 1.2 et 2.2.

Soit λ la mesure de probabilité sur $\mathbb{P}^{d-1}$ invariante par l'action des matrices orthogonales. Remarquons tout d'abord que la fonction $F(g,\dot{t})$ $F(g,\dot{t}) = \log \frac{\|gt\|}{\|t\|}$ qui intervient dans 1.1 constitue pour tout g une version continue de $-\frac{1}{d} \log \frac{dg^{-1}\lambda}{d\lambda}(\dot{t})$.

3.2 - Lemme

Soit μ une mesure de M telle que il existe ν dans I_μ de la forme $\nu = h_\lambda$ avec $|\log h|$ borné. Alors $a(\mu,\nu) = \lambda_1(\mu)$.

Démonstration de 3.2 :

Nous avons en effet :

$$a(\mu,\nu) = -\frac{1}{d}\int \log \frac{dg^{-1}\nu}{d\nu}(t)\ \nu(dt)\ \mu(dg)$$

$$= -\frac{1}{d}\int \log \left(\frac{h(gt)}{h(t)}\ \frac{dg^{-1}\lambda}{d\lambda}(t)\right) \nu(dt)\ \mu(dg)\ .$$

Comme, par hypothèse, $|\log h|$ est borné, nous pouvons séparer les termes de l'intégrale et écrire :

$$a(\mu,\nu) = -\frac{1}{d}\int \log h(gt)\ \nu(dt)\ \mu(dg)$$
$$-\frac{1}{d}\int \log \frac{dg^{-1}\lambda}{d\lambda}(t)\quad \nu(dt)\ \mu(dg)$$
$$+\frac{1}{d}\int \log h(t)\ \nu(dt).$$

Comme $\mu * \nu = \nu$ les deux termes extrêmes s'annulent et il reste, d'après la remarque et 1.1 :

$$a(\mu,\nu) = \int \log F(g,t)\ \nu(dt)\ \mu(dg) = \lambda_1(\mu)\ \blacksquare$$

Montrons que le lemme 3.2 s'applique à une famille dense de mesures dans M . Notons dg la mesure de Haar sur $SL(d,\mathbb{R})$, dk la mesure de Haar sur le sous-groupe orthogonal K de $SL(d, \mathbb{R})$.

3.3 - Lemme

Si la mesure de probabilité μ est de la forme pdg, où p est une fonction bornée à support compact sur $SL(d,\mathbb{R})$, alors μ appartient à M et si la mesure ν sur $\mathbb{P}^{d-1}$ est invariante par μ,ν est absolument continue par rapport à λ , de densité bornée.

Démonstration :

Il est d'abord clair que la mesure μ appartient à M : la mesure μ intègre $\log||g||$ car p est à support compact et la mesure μ est irréductible car l'ensemble des g qui laissent fixe une réunion finie de sous-espaces propres donnée quelconque est dg-négligeable.

Posons $P(g) = \sup_{k\in K} p(gk)$.

La fonction P est également bornée à support compact et la relation d'invariance s'écrit :

$$\int f(t)\ \nu(dt) = \int f(gt)\ p(g)\ dg\ \nu(dt)$$

$$=\int\left[\int f(gt)\ p(g)\ dg\right] \nu(dt).$$

Par invariance de dg par l'action de K, nous avons encore :

$$\int f\ d\ \nu = \int f(gkt)\ p(gk)\ dg\ dk\ \ \nu(dt)$$

$$\leq \int f(gkt)\ P(g)\ dg\ dk\ \nu(dt),$$

en intégrant en k, comme $dk * \nu = \lambda$ pourtoute mesure ν sur $\mathbb{P}^{d-1}$, nous avons :

$$\int f\ d\ \nu \leq \int f(gy)\ P(g)\ dg\ \ \lambda(dy)$$

$$= \int f(y)\ P(g)\ \frac{dg\lambda}{d\lambda}(y)\ \ \ dg\ \lambda(dy).$$

Sur l'ensemble compact $P > 0$, la fonction $\frac{dg\lambda}{d\lambda}(y)$ est bornée par une constante C, et nous avons :

$$\int f\ d\nu \leq C \sup \mathbb{P}\ \int f(y)\ \lambda(dy)\ \int_{\text{supp } P} dg \qquad \text{q.e.d.}$$

3.4 - Lemme

Si la mesure μ sur $SL(d,\mathbb{R})$ est de la forme pdg, où p est une fonction continue à support compact, strictement positive sur un voisinage de K, pour toute mesure ν de I_μ, la mesure λ est absolument continue par rapport à ν, de densité bornée.

Démonstration :

Remarquons tout d'abord que μ appartient à M pour les mêmes raisons que dans 3.3. Posons $P(g) = \inf_{k \in K} p(g\,k)$. La fonction P(g) est strictement positive sur un voisinage de l'identité de mesure positive.

En écrivant l'équation d'invariance par μ et en effectuant les mêmes transformations que pour le lemme précédent, nous obtenons $\int f d\nu \geq \frac{1}{D} \int f d\lambda$ pour une certaine constante D, q.e.d.

Soit alors μ une mesure quelconque de M. Prenons une fonction p_0 positive, continue à support compact sur $SL(d,\mathbb{R})$, strictement positive sur un voisinage de K, et p_n une suite de fonctions positives à support compact telles que les mesures $p_n\,dg$ convergent vaguement vers δ_e ; nous posons pour n,M entiers, μ_M la restriction de μ à l'ensemble $||g|| \leq M$,

$$\mu_{n,M} = (1 - \tfrac{1}{M})\,(\mu_M * p_n dg) + a_M\, p_0\, dg,$$

où $$a_M = 1 - (1 - \tfrac{1}{M}).\ \mu_M(SL(d,\mathbb{R})).$$

Chaque mesure $\mu_{n,M}$ est une mesure de probabilité sur $SL(d,\mathbb{R})$, et d'après les lemmes 3.3 et 3.4, $\mu_{n,M}$ appartient à M et les mesures ν de $I_{\mu_{n,M}}$ sont équivalentes à λ, de densités bornées inférieurement et supérieurement. D'après le lemme 3.2, nous avons $\alpha(\mu_{n,M}) = \lambda_1(\mu_{n,M})$.

Quand n et M tendent vers l'infini, les mesures $\mu_{n,M}$ tendent vers μ dans M et d'après 1.2 et 2.2 nous avons à la limite :

$$\alpha(\mu) \leq \liminf_{n,M} \alpha(\mu_{n,M}) = \liminf_{n,M} \lambda_1(\mu_{n,M}) = \lambda_1(\mu)$$

Le théorème 3.1 a deux corollaires importants :

3.5 - Corollaire. Critère de Fürstenberg

Soit μ une mesure de M. S'il existe pas de mesure ν telle que $g\nu = \nu$ μ presque partout, alors $\lambda_1(\mu) > 0$.

En effet si λ_1 est nul, nous avons $\alpha(\mu) = 0$ et d'après 2.2 cela signifie qu'il existe ν_0 probabilité sur $\mathbb{P}^{d-1}$ telle que :

$$-\int \log \frac{dg^{-1}\nu_0}{d\nu_0}(t) \quad \nu_0(dt)\,\mu(dg) = 0.$$

Ceci n'est possible que si pour presque tout g $\frac{dg^{-1}\nu_0}{d\nu_0}(t) = 1$ ν_0 presque partout, c'est-à-dire $g^{-1}\nu_0 = \nu_0$, ou encore $\nu_0 = g\,\nu_0$.

3.6 - Corollaire

Soit μ une mesure de M. Il existe une mesure invariante ν_0 telle que pour μ-presque tout g la mesure $g\,\nu_0$ est absolument continue par rapport à la mesure ν_0.

En effet d'après 3.1 et 2.2, il existe une mesure ν_0 de I_μ telle que :

$$-\int \log \frac{dg^{-1}\nu_0}{d\nu_0}(t)\ \nu_0(dt)\ \mu(dg) \leq d\lambda_1(\mu) < +\infty .$$

En particulier, l'intégrale $-\int \log \frac{dg^{-1}\nu_0}{d\nu_0}(t) \quad \nu_0(dt)$ est finie pour presque tout g.

En particulier, nous avons pour ces mêmes g la mesure ν_0 absolument continue par rapport à la mesure $g^{-1}\nu_0$. Nous avons bien pour presque tout g l'absolue continuité de $g\,\nu_0$ par rapport à ν_0.

Références :

La démonstration que nous donnons ici est celle originale de Fürstenberg (op. cit. paragraphe 8), à ceci près que nous avons explicité le rôle de l'entropie $\alpha(\mu)$. L'avantage est de nous permettre d'obtenir le corollaire 3.6 et il semble que l'on peut retrouver ainsi les extensions de 3.5 en particulier les résultats de :

A.D. VIRTSER : On products of random matrices and operators. Th. Prob. Appl. 24 (1979) 367-377.

G. ROYER : Croissance exponentielle de produits markoviens de matrices aléatoires Ann. IHP 16 (1980) p. 49-62.

Y. GUIVARC'H : Marches aléatoires à pas markovien. C.R.A.S. Paris 289 (1979) 211-213.

F. LEDRAPPIER - G. ROYER : Croissance exponentielle de certains produits aléatoires de matrices. C.R.A.S. Paris 290 (1980) 513-514.

4. Majoration de la dimension de la mesure invariante

Nous nous plaçons dans le cas où d=2 et nous notons λ la valeur commune de λ_1 et $-\lambda_2$. Les mesures invariantes de I_μ sont alors des mesures sur $\mathbb{P}^1$. Nous considérons la distance sur $\mathbb{P}^1$ définie par le plus petit angle de deux directions de $\mathbb{R}^2$. Nous cherchons à obtenir des relations analogues à celles des paragraphes II.4 et II.5. Nous obtiendrons seulement des convergences en probabilité. Nous avons d'abord la majoration :

4.1 - Théorème

Soit μ une mesure de M_2 avec $\lambda(\mu) > 0$. Il existe une unique mesure invariante ν et pour tout $\chi > 0$, il existe $\varepsilon_0 > 0$ tel que si $\varepsilon \leq \varepsilon_0$

$$\nu(\{t \; ; \; \frac{\log \nu(B(t,\varepsilon))}{\log \varepsilon} \leq \frac{\alpha(\mu)}{\lambda(\mu)} + \chi\}) \geq 1-\chi \; .$$

Démonstration :

La première étape consiste à identifier la mesure ν. Considérons le système (X', m', θ', x_0) où (X', m') est l'espace des suites bilataires de matrices de déterminant 1, $(X',m') = (SL(2,R), \mu)^{\otimes \mathbb{Z}}$. Si $\lambda(\mu) > 0$, d'après le théorème I.4.2, il existe pour presque tout x' deux directions $E^+_{x'}$ et $E^-_{x'}$ telles que :

$v \in E^+_{x'}$, $v \neq 0$, si et seulement si :

$$\frac{1}{n} \log ||x'_{n-1} \ldots, x'_0 v|| \to \lambda \quad \text{et} \quad \frac{1}{n} \log ||x'^{-1}_{-n} \ldots . x'^{-1}_{-1} v|| \to -\lambda$$

quand n tend vers l'infini et $v \in E^-_{x'}$, $v \neq 0$, si et seulement si les mêmes limites sont échangées.

4.2 - Lemme

La direction de $E^+_{x'}$ dans $\mathbb{P}^1$ est indépendante des coordonnées $\{x'_s, \; s \geq 0\}$ et a pour loi l'unique mesure invariante ν de I_μ.

Démonstration de 4.2 :

Considérons sur $X' \times \mathbb{P}^1$ la transformation $\hat{\theta}$ $\hat{\theta}(x',t) = (\theta x', \; x'_0 t)$ et les mesures invariantes par $\hat{\theta}$ qui se projettent sur X' en m'. D'après I.5.1 les mesures ergodiques sont nécessairement l'une ou l'autre de :

$$m'_+(dx',d\dot{t}) = \delta_{E^+_{x'}}(d\dot{t})\, m'(dx') \text{ et}$$

$$m'_-(dx',d\dot{t}) = \delta_{E^-_{x'}}(d\dot{t})\, m'(dx') ,$$

avec $\int F(x',t)\, m'_\pm(dx',dt) = \pm\lambda$.

Considérons alors ν une mesure de I_μ et sur $X \times \mathbb{P}^1$ la mesure $m \otimes \nu$. C'est une mesure $\hat{\theta}$ invariante qui se projette sur X en m et il est possible de la prolonger de manière unique en une mesure $\hat{\theta}$ invariante sur $X' \times \mathbb{P}^1$ qui se projette sur X' en m'.

En effet, considérons dans $X' \otimes \mathbb{P}^1$ la σ-algèbre $\mathcal{A}$ engendrée par la projection sur $X \times \mathbb{P}^1$.

Il existe un unique prolongement à la σ-algèbre $\hat{\theta}^k \mathcal{A} = \mathcal{A}_k$ de la mesure $m \times \nu$ compatible avec l'invariance et c'est une mesure de la forme :

$$m^k_{x'}(dt)\, \mu(dx'_{-k})\, \mu(dx'_{-k+1}) \ldots\ldots$$

Les relations de compatibilité montrent que les mesures $m^k_{x'}(dt)$ forment une martingale par rapport à la suite $\mathcal{A}_k$ de σ-algèbres.

Cette martingale converge presque sûrement vers une mesure $m_{x'}(dt)$ et l'unique prolongement de la mesure $m \times \nu$ à $X' \times \mathbb{P}^1$ qui est $\hat{\theta}$ invariant est la mesure $m_{x'}(dt)\, m'(dx')$.

C'est une mesure $\hat{\theta}$ invariante de marginale m', c'est donc une combinaison des mesures m'_+ et m'_-.

D'après 1.1, de plus, l'intégrale de la fonction $F(x',t)$ pour cette mesure est donnée par $\int F(x_0,t)\, \mu(dx_0)\, \nu(dt) = \lambda$.

La mesure $m_{x'}(dt)\, m'(dx')$ coïncide donc avec m'_+, autrement dit la mesure m'_+ se projette sur $X \times P^1$ en la mesure $m \times \nu$, ce qui veut exactement dire l'énoncé du lemme.

En particulier la mesure ν est unique puisque c'est la loi de $E^+_{x'}$.

De la démonstration de 4.2 retenons encore :

4.3 - Corollaire

La suite $x'_{-1} \dots x'_{-k} \nu$ converge presque partout vers la mesure $\delta_{E^+_{x'}}$.

On trouve en effet cette mesure si on explicite $m^k_{x'}$.

4.4 - Corollaire

La mesure $m \times \nu$ sur $X \times \mathbb{P}^1$ est $\hat{\theta}$ ergodique et est la projection de la mesure m'_+ .

Revenons à la démonstration de 4.1. D'après le théorème 2.1 nous pouvons calculer $\alpha(\mu)$ comme $a(\mu,\nu)$ pour l'unique mesure invariante

$$\alpha(\mu) = -\frac{1}{2}\int \log \frac{dg^{-1}\nu}{d\nu}(t)\nu(dt)\mu(dg) = -\frac{1}{2}\int \log \frac{dx_0^{-1}\nu}{d\nu}(t)\nu(dt)\, m\,(dx_0).$$

D'après 3.1 et 4.4 et le théorème ergodique appliqué à la fonction $-\frac{1}{2}\log \frac{dx_0^{-1}\nu}{d\nu}(t)$, nous avons, $(m \times \nu)$ presque partout et en moyenne :

$$\alpha(\mu) = \lim_n -\frac{1}{2n} \sum_{i=0}^{n-1} \log \frac{dx_i^{-1}\nu}{d\nu}(x_{i-1} \dots x_0 \dot{t})$$

$$= \lim_n -\frac{1}{2n} \log \frac{dx_0^{-1} \dots x_{n-1}^{-1}\nu}{d\nu}(\dot{t}).$$

Nous fixons x' dans l'ensemble de m'mesure 1 où la convergence

$$\alpha(\mu) = \lim_n -\frac{1}{2n} \log \frac{dx'^{-1}_0 \dots x'^{-1}_{n-1}\nu}{d\nu}(\dot{t})$$

a lieu ν presque partout et en moyenne dans $L^1(\nu)$. Choissons $C_{x'}$ un sous-ensemble de P^1 non négligeable pour ν .

Nous avons encore :

$$\alpha(\mu) = \lim_n -\frac{1}{2n\nu(C_{x'})} \int_{C_{x'}} \log \frac{dx'^{-1}_0 \dots x'^{-1}_{n-1}\nu}{d\nu}(\dot{t})\quad \nu(d\dot{t})$$

et (1) $\qquad \alpha(\mu) \geq \limsup_n -\frac{1}{2n} \log (\nu(x'_{n-1} \dots x'_0\, C_{x'}))$

par l'inégalité de Jensen.

Le choix de $C_{x'}$ sera fait par le lemme suivant :

4.5 - Lemme

Pour tout $\varepsilon > 0$ et pour presque tout x', il existe un ensemble $C_{x'}$ et un entier N tels que :

$\nu(C_{x'}) > 0$ et si $n \geq N$,

$$x'_{n-1} \cdots x'_0 \, C_{x'} \subset B(E^+_{\theta^n x'}, e^{-2n(\lambda-\varepsilon)}) .$$

Démonstration :

Nous écrivons la matrice $x'_{n-1} \cdots x'_0$ dans les bases orthogonales dont le premier vecteur est $E^+_{x'}$ pour l'espace de départ et $E^+_{\theta^n x'}$ pour l'espace d'arrivée

$$x'_{n-1} \cdots\cdots x'_0 = \begin{pmatrix} a_n(x') & b_n(x') \\ 0 & a_n^{-1}(x') \end{pmatrix}$$

avec $\frac{1}{n} \log | a_n(x') | \to \lambda$ quand $n \to +\infty$.

Pour estimer b_n écrivons la propriété des vecteurs de l'espace

$E^-_{x'} = \left\{ \begin{matrix} r \cos \alpha' \\ r \sin \alpha' \end{matrix} \right\} r \in \mathbb{R}$.

Il vient :

$$b_n(x') = - \frac{a_n(x')}{\operatorname{tg} \alpha'} + C_n(x') \text{ avec}$$

$$\limsup_n \frac{1}{n} \log |C_n(x')| \leq - \lambda .$$

Nous posons alors :

$$C_{x'} = \{ t \in \mathbb{P}^1, \ |\operatorname{tg} t| \leq \min (\tfrac{1}{3} |\operatorname{tg} \alpha'|, \tfrac{1}{2}) \} .$$

Nous avons $\nu(C_{x'}) > 0$ m'-presque partout car par 4.2 , $E^+_{x'}$ appartient au support de ν m'presque partout.

D'autre part si t appartient à $C_{x'}$, nous avons :

$$(x'_{n-1} \cdots x'_0 \, t) = \begin{pmatrix} r \cos u_n \\ r \sin u_n \end{pmatrix} \text{ avec}$$

$$\operatorname{tg} u_n = a_n^{-2} \frac{\operatorname{tg} t}{1 + b_n a_n^{-1} \operatorname{tg} t} = a_n^{-2} \frac{\operatorname{tg} t}{1 - \frac{\operatorname{tg} t}{\operatorname{tg} \alpha'} + C_n a_n^{-1} \operatorname{tg} t}$$

Nous avons donc $\limsup_n \frac{1}{n} \log |\operatorname{tg} u_n| \leq - 2 \lambda$ q.e.d ∎

Soit alors $\varepsilon = \frac{\lambda^2 \chi}{\alpha + \lambda\chi}$.

Si nous choisissons x' dans l'ensemble de mesure 1 où (1) est vrai et où nous pouvons choisir $C_{x'}$ par 4.5 nous avons :

$$\alpha(\mu) \geq \limsup_n -\frac{1}{2n} \log \nu(B(E^+_{\theta^n x'}, e^{-2n(\lambda-\varepsilon)})) .$$

Comme la loi de la direction $E^+_{\theta^n x'}$ est également la mesure ν , nous avons sur des ensembles de mesure de plus en plus grande quand n tend vers l'infini :

$$\frac{1}{2n(\lambda-\varepsilon)} \log \nu(B(t,e^{-2n(\lambda-\varepsilon)})) \leq \frac{\alpha}{\lambda - \varepsilon} = \frac{\alpha}{\lambda} + \chi,$$

ce qui montre le théorème 4.1.

Il est possible de traduire le résultat en termes de dimension (cf. notes du paragraphe II.4). Soit (X,d,m) un espace métrique muni d'une mesure de probabilité . Posons pour $\delta > 0$, $\varepsilon > 0$ $N(\delta,\varepsilon)$ le cardinal minimal d'un ensemble I tel que $m(\bigcup B(x,\varepsilon)\ ;\ x \in I) \geq 1-\delta$.

Nous avons alors les notions de dimension à δ près et de dimension essentielle suivantes :

$$\begin{cases} \dim \sup_\delta (X,m) = \limsup_{\varepsilon\to 0} \frac{1}{\log 1/\varepsilon} \log N(\delta,\varepsilon) \\ \dim \sup (X,m) = \lim_{\delta\to 0} \dim \sup (X,m). \end{cases}$$

4.6 - Corollaire

Soit μ une mesure de M_2 avec $\lambda(\mu) > 0$. Il existe une unique mesure invariante ν et $\dim \sup (P^1,\nu) \leq \frac{\alpha}{\lambda}$.

En effet, choisissons $\delta > \chi > 0$. Nous pouvons recouvrir l'ensemble A_χ du théorème 4.1 :

$$A_\chi = \{t\ ;\ \nu(B(t,\varepsilon)) \geq \varepsilon^{\frac{\alpha}{\lambda} + \chi}\}$$

par des intervalles de largeur 2ε centrés sur A_χ de manière à ce qu'au plus deux intervalles recouvrent chaque point. La somme de leurs mesures est alors plus petite que 2 et donc $N(\delta,\varepsilon) \leq 2\,\varepsilon^{-(\frac{\alpha}{\lambda} + \chi)}$. Nous avons donc $\dim \sup_\delta (P^1,\nu) \leq \frac{\alpha}{\lambda} + \chi$, pour tout $0 < \chi < \delta$. q.e.d ■

5. Exposant, entropie et dimension en dimension 2

Dans ce paragraphe nous établissons la convergence en probabilité :

5.1 - Théorème

Soit μ une mesure de M_2, $\lambda(\mu) > 0$, et soit ν l'unique mesure invariante. Quand ε tend vers 0, les fonctions $\frac{\log\nu(B(t,\varepsilon))}{\log\varepsilon}$ convergent en probabilité vers $\frac{\alpha(\mu)}{\lambda(\mu)}$.

Démonstration :

Si nous orientons $\mathbb{P}^1$ et que nous considérons $s < \frac{\Pi}{2}$, l'intervalle $(t,t+s)$ est défini sans ambiguïté. Pour s_1, $s_2 < \frac{\Pi}{4}$, nous notons $B(t,s_1,s_2)$ l'intervalle $(t-s_1, t+s_2)$.

5.2 - Lemme

Pour tout $\varepsilon > 0$ il existe une fonction mesurable positive $\mu \otimes \nu$ presque partout $h(g,t,\varepsilon)$ telle que si s_1, $s_2 < h(g,t,\varepsilon)$

$$\frac{\nu(g\ B(t,s_1,s_2))}{\nu(B(t,s_1,s_2))} \leq e^{\varepsilon}\,\frac{dg^{-1}\nu}{d\nu}(t) \qquad \mu \otimes \nu \text{ presque partout .}$$

En effet les expressions $\frac{\nu(g\ B(t,0,s))}{\nu(B(t,0,s))} = \frac{1}{\nu(B(t,0,s))}\int_{B(t,0,s)} \frac{dg^{-1}\nu}{d\nu}\,d\nu$ convergent presque partout vers $\frac{dg^{-1}\nu}{d\nu}(t)$ car ν est diffuse. De même pour $\frac{\nu(g\ B(t,s,0))}{\nu(B(t,s,0))}$ ∎

Nous avons également la propriété d'intégrabilité suivante :

5.3 - Lemme

Posons $f^*(g,t) = \sup\limits_{s,u<\frac{\Pi}{4}} \frac{\nu(g\ B(t,s,u))}{\nu(B(t,s,u))}$.

La fonction $\log^+ f^*$ est intégrable.

Démonstration :

D'après l'inégalité maximale (par exemple, en se ramenant à des intervalles de (R,dt) par changement de variable, on peut utiliser l'inégalité classique), nous avons $\mu \times \nu(f^* > \beta) \leq \frac{1}{\beta}$ et donc :

$$\int \log^+ f^* \, d\mu \times \nu = \lim_{M\to\infty} \int \inf(\log^+ f^*, M) \, d\mu \times \nu$$

$$= \lim_{M\to\infty} \int_1^M \int_{X \times P^1} \chi_{(f^* > \beta)} \frac{1}{\beta} \, d(\mu \times \nu) d\beta$$

$$\leq \lim_{M\to\infty} \int_1^M \frac{1}{\beta^2} \, d\beta = 1.$$

La première étape de la démonstration consiste à approcher α par une moyenne sur des intervalles de plus en plus petits.

5.4 - Lemme

Pour tout ε il existe ρ_0 tel que si $\rho \geq \rho_0$, m' presque partout :

$$\lim_n \inf - \frac{1}{2n} \log \frac{\nu(x'_{n-1} \cdots x'_0 B(t, e^{-n\rho}))}{\nu(B(t, e^{-n\rho})} \geq \alpha - \varepsilon .$$

Démonstration de 5.4

Nous avons en effet :

$$- \log \frac{\nu(x'_{n-1} \cdots x'_0 B(t, e^{-n\rho}))}{\nu(B(t, e^{-n\rho}))} = - \sum_{i=1}^{n-1} \log \frac{\nu(x'_i \cdots x'_0 B(t, e^{-n\rho}))}{\nu(X'_{i-1} \cdots X'_0 B(t, e^{-n\rho}))}$$

et remarquons que l'ensemble $x'_{i-1} \cdots x'_0 B(t, e^{-n\rho})$ est de la forme $B(x'_{i-1} \cdots x'_0 t, s_1 s_2)$ avec les s_j majorés par $2C||x'_{i-1} \cdots x'_0||^2 \, e^{-n\rho}$.
(Rappelons que $\frac{dg^{-1}\lambda}{d\lambda}(t) = ||gt||^{-2} \leq ||g^{-1}||^2 \leq C||g||^2$).

D'après 5.2 nous avons donc :

$$- \log \frac{\nu(x'_i \cdots x'_0 B(t, e^{-n\rho}))}{\nu(x'_{i-1} \cdots x'_0 B(t, e^{-n\rho}))} \geq - \varepsilon - \log \frac{dx_0'^{-1} \cdots x_i'^{-1} \nu}{dx_0'^{-1} \cdots x_{i-1}'^{-1} \nu} (t)$$

dès que $2C||x'_{i-1} \cdots x'_0||^2 \, e^{-n\rho} \leq h(x'_i, x'_{i-1} \cdots x'_0 \, t, \varepsilon)$.

Posons $H(x', \rho) = \sup_{n \geq i \geq 1} 2C||x'_{-1} \cdots x'_{-i}||^2 \, e^{-n\rho}$; nous avons $H(x', \rho) < +\infty$ presque partout dès que $\rho > \int \log||g|| \, \mu(dg)$ et nous pouvons écrire :

$$- \frac{1}{2n} \log \frac{\nu(x'_{n-1} \cdots x'_0 B(t, e^{-n\rho}))}{\nu(B(t, e^{-n\rho}))} \geq - \frac{\varepsilon}{2} - \frac{1}{2n} \log \frac{x_0'^{-1} \cdots x_{n-1}'^{-1} \nu}{d\nu} (t)$$

$$- \frac{1}{2n} \sum_{i=1}^{n-1} \chi_{\{H(\hat\theta^i(x',t),\rho) > h(\hat\theta^i(x',t),\varepsilon)\}} \cdot (\log^+ f^*(\hat\theta^i(x',t)) + |\log \frac{dx_0^{-1}\nu}{d\nu}(\hat\theta^i(x',t))|) .$$

Nous avons minoré notre fonction par des moyennes de Birkhoff de fonctions intégrables. La limite inférieure cherchée est donc plus grande que :

$$-\frac{\varepsilon}{2}+\alpha-\frac{1}{2}\int_{\{H(x',\rho)>h(x'_0,t,\varepsilon)\}}\log^+f^* + \left|\log\frac{dx_0'^{-1}\nu}{d\nu}(t)\right| \quad m'_+(dx',dt) .$$

(Rappelons que d'après 4.4, m'_+ est ergodique pour $\hat{\theta}$ et que d'après 5.3 et 3.1 la fonction $\log^+f^* + \left|\log\frac{dx_0^{-1}\nu}{d\nu}(t)\right|$ est intégrable).

D'après la définition de $H(x',\rho)$, quand ρ tend vers l'infini, $H(x',\rho)$ tend presque sûrement vers zéro.

Une fois $h(x'_0,t,\varepsilon)$ choisi, comme $h(x'_0,t,\varepsilon)>0$ presque partout, nous pouvons trouver ρ_0 assez grand pour que dès que $\rho\geq\rho_0$, l'ensemble $H(x',\rho)>h(x'_0,t,\varepsilon)$ est de mesure assez petite pour que la dernière intégrale soit plus petite que ε q.e.d ■

Soit $\chi>0$. Appelons $\beta(\chi)$ la plus grande valeur telle que pour ε assez petit, on ait $\nu\left(\frac{\log\nu(B(t,\varepsilon))}{\log\varepsilon}>\beta(\chi)\right)\geq 1-\chi$.

Compte tenu de 4.1, il suffit de montrer que $\lim_{\chi\to 0}\beta(\chi)\geq\frac{\alpha(\mu)}{\lambda(\mu)}$ pour établir la convergence en probabilité. Fixons donc ε et choisissons $\rho\geq\rho_0(\varepsilon)$ donné par 5.4. Comme la mesure m'_+ est la mesure $\delta_{E^+_{x'}}(dt)\, m'(dx')$, nous avons à considérer l'ensemble $x'_{n-1}\dots x'_0\, B(E^+_{x'},\ e^{-n\rho})$. Reprenons les notations de la démonstration du lemme 4.4 et les mêmes calculs. Si n est assez grand, $e^{-n\rho}\leq\frac{1}{2}|\mathrm{tg}\ \alpha'|$ et nous avons pour n très grand,

$$x'_{n-1}\dots x'_0\, B(E^+_{x'},\ e^{-n\rho})\supset B(E^+_{\theta^n x'},\ e^{-n(\rho+2\lambda+\varepsilon)}).$$

En reportant dans le résultat de 5.4, nous pouvons trouver pour tout $\chi>0$ et n assez grand un certain ensemble A_n, $m'(A_n)\geq 1-\chi$ tel que pour X' dans A_n :

$$-\frac{1}{2n}\log\ \nu(B(E^+_{\theta^n x'},\ e^{-n(\rho+2\lambda+\varepsilon)})\geq\alpha-\varepsilon-\frac{1}{2n}\log\nu(B(E^+_{x'},\ e^{-n\rho})).$$

Appelons $B_{\chi,n}$ l'ensemble où $-\frac{1}{2n}\log B(E^+_{x'}, e^{-n\rho}) > \frac{\rho}{2}\beta(\chi)$.

Par définition de $\beta(\chi)$ et comme la loi de $E^+_{x'}$ est la mesure ν (lemme 4.2), nous avons pour n assez grand $m'(B_{\chi,n}) \geq 1-\chi$.

Nous avons donc alors si n est assez grand et si x' appartient à $\theta^n(A_n \cap B_{\chi,n})$:

$$-\frac{1}{2n}\log \nu(B(E^+_{x'}, e^{-n(\rho+2\lambda+\varepsilon)}) \geq \alpha - \varepsilon + \frac{\rho}{2}\beta(\chi).$$

Par invariance de m', $m'(\theta^n(A_n \cap B_{\chi,n})) \geq 1-2\chi$ et par définition de β, il vient :

$$(\frac{\rho}{2}+\lambda+\frac{\varepsilon}{2})\ \beta(2\chi) \geq \alpha - \varepsilon + \frac{\rho}{2}\beta(\chi).$$

En faisant tendre χ vers 0, il vient :

$$(\frac{\rho}{2}+\lambda+\frac{\varepsilon}{2})\lim_{\chi\to 0}\beta(\chi) \geq \alpha - \varepsilon + \frac{\rho}{2}\lim_{\chi\to 0}\beta(\chi).$$

D'où $\lim_{\chi\to 0}\beta(\chi) \geq \frac{\alpha-\varepsilon}{\lambda+\frac{\varepsilon}{2}}$.

Le théorème 5.1 suit alors de l'arbitraire de ε ∎

Avec les notations du paragraphe 4, posons :

$$\dim \inf_\delta(X,m) = \liminf_{\varepsilon\to 0}\frac{1}{\log 1/\varepsilon}\log N(\delta,\varepsilon) \text{ et}$$

$$\dim \inf (X,m) = \lim_{\delta\to 0}\dim \inf_\delta (X,m).$$

On note dim(X,m) la valeur commune, si elle existe de dim inf(X,m) et dim sup(X,m).

5.5 - Corollaire

Soit μ une mesure de M_2 avec $\lambda(\mu) > 0$. Il existe une unique mesure invariante ν et $\dim(P^1,\nu) = \frac{\alpha(\mu)}{\lambda(\mu)}$.

En effet un recouvrement à δ près en intervalles de largeur 2ε rencontre l'ensemble où $\nu(B(t,2\varepsilon)) \leq (2\varepsilon)^{\frac{\alpha}{\lambda}-\chi}$ sur au moins une mesure $(1-\delta-\chi)$. Il doit donc posséder au moins $(1-\delta-\chi)\ (2\varepsilon)^{-\frac{\alpha}{\lambda}+\chi}$ éléments. Nous avons donc $\dim \inf_\delta(P^1,\nu) \geq \frac{\alpha}{\lambda}-\chi$ pour tout $\chi > 0$. Nous avons donc déjà $\dim \inf_\delta (P^1,\nu) \geq \frac{\alpha}{\lambda}$. Le corollaire suit en comparant avec 4.6.

Remarquons encore que l'ensemble des mesures μ telles que $\alpha(\mu) = \lambda(\mu) > 0$ est d'après 1.2, 2.2 et la démonstration du théorème 3.1 une intersection dénombrable d'ouverts denses dans M_2. Nous avons donc pour beaucoup de mesures μ une unique mesure ν dans I_μ et $\dim(P^1,\nu) = 1$. Pour obtenir un exemple de mesures de M_2 avec $\dim(P^1,\nu) < 1$, considérons l'action de $SL(2,\mathbb{R})$ sur le demi-plan de Poincaré $\operatorname{Im} z > 0$ par les applications homographiques réelles

$$g = \begin{pmatrix} a & b \\ c & d \end{pmatrix} \qquad \varphi_g(z) = \frac{az+b}{cz+d} .$$

L'action à l'infini sur $R \cup \{\infty\}$ s'identifie alors à l'action naturelle de $SL(2, \mathbb{R})$ sur $\mathbb{P}^1$ par l'application qui à X associe la droite de pente Arc tgX. Si une mesure μ est portée par un sous groupe discret Γ de $SL(2,R)$ la mesure invariante ν doit être portée par l'ensemble limite Λ_Γ de Γ . Il est facile de construire des sous-groupes discrets où Λ_Γ ne peut pas porter de mesure de dimension supérieure à un certain $\delta(\Gamma) < 1$.
(cf. par exemple A.F. Beardon : The Hausdorff dimension of singular sets of properly discontinuous groups. American J of Maths. 88(1966) 722-736).

Par analogie avec le paragraphe II.5, il est naturel de demander si on a convergence presque sûre dans le théorème 5.1.

D'autre part Guivarc'h et Raugi ont montré (communication personnelle)

$$\liminf_{\varepsilon\to 0} \frac{\log\nu(B(t,\varepsilon))}{\log \varepsilon} > 0 \text{ en tout point } t.$$

IV - EXEMPLES

1. Spectre singulier des opérateurs de Schrödinger aléatoires. L'argument de Pastour

On considère le modèle suivant : soient (X,m,θ) un système ergodique et V une fonction réelle mesurable bornée sur X.

Pour chaque x de X, nous définissons un opérateur H_x auto adjoint borné de $\ell^2(\mathbb{Z})$ dans lui-même par $H_x \varphi(n) = \varphi(n-1) + \varphi(n+1) - V(\theta^n x) \varphi(n)$.

Par le théorème spectral, il existe un isomorphisme unitaire entre $\ell^2(\mathbb{Z})$ et $\bigoplus_{k \geq 1} L^2(\mathbb{R}, \mu_k)$ où la mesure μ_{k+1} est absolument continue par rapport à μ_k, qui transporte l'opérateur H_x en la multiplication par l'identité.

On appelle la classe de μ_1 le type spectral maximal et le nombre minimal de mesures non nulles dans la décomposition la multiplicité. Ce sont des invariants de H_x dont on veut déterminer les propriétés.

Soient δ_j la fonction de $\ell^2(Z)$ définie par $\delta_j(n) = 0$ sauf si $n = j$ et $\delta_j(j) = 1$, $\sigma_j(x,d\lambda)$ la mesure spectrale de δ_j définie par les relations

$$\int_{\mathbb{R}} \lambda^n \sigma_j(x,d\lambda) = H_x^n \delta_j(j).$$

Posons :

$$\sigma(x,d\lambda) = \frac{1}{2} (\sigma_0(x,d\lambda) + \sigma_1(x,d\lambda)).$$

1.1 - Proposition

Le type spectral maximal de H_x est celui de $\sigma(x,d\lambda)$ et la multiplicité est inférieure à 2.

Ces deux propriétés suivent du fait que les fonctions $H_x^m\delta_0$, $H_x^n \delta_1$, $n, m \in \mathbb{Z}$ engendrent $\ell^2(\mathbb{Z})$.

L'ensemble des types spectraux maximaux est décrit par une mesure M sur $X \times \mathbb{R}$:

$$M(dx,d\lambda) = m(dx)\ \sigma(x,d\lambda).$$

Sa projection sur $\mathbb{R}$ est appelée densité d'états k :

$$k(d\lambda) = \int \sigma(x,d\lambda)\ m(dx).$$

1.2 - Théorème

Considérons pour tout e réel la matrice aléatoire $A_e(x) = \begin{pmatrix} e+V(x) & -1 \\ 1 & 0 \end{pmatrix}$ et l'exposant $\lambda(e)$ de la famille $(X,m\ ;\ \theta\ ;\ A_e)$.
Si $\lambda(e)$ est positif k presque partout, la mesure M n'a pas de partie absolument continue par rapport à une mesure produit.

En particulier si $\lambda(e) > 0$ k presque partout, l'opérateur H_x a pour m presque tout x, un spectre singulier ; pour tout λ , l'ensemble des x tels que la mesure de Dirac δ_λ appartienne au type spectral de H_x est aussi négligeable.

Soient e réel, x dans X. Un vecteur ϕ de $\mathbb{R}^2$ diverge si ou bien $||A_e^{(n)}(x)\phi||$, ou bien $||A_e^{(-n)}(x)\phi||$ croît exponentiellement vite quand n tend l'infini.

Si pour k presque tout e, $\lambda(e) > 0$, pour chacune de ces valeurs de e, nous avons que pour m-presque tout x, tout vecteur non nul de $\mathbb{R}^2$ diverge. L'ensemble des (e,x) tels que tout vecteur non nul de $\mathbb{R}^2$ diverge est donc de mesure 1 pour k x m. Au contraire le lemme 1.3 montre que pour M presque tout (e,x) il existe un vecteur ϕ de $\mathbb{R}^2$ qui ne diverge pas.

1.3 - Lemme

Pour $\sigma(x,d\lambda)$ presque tout λ , il existe une fonction réelle sur $\mathbb{Z}$, $\Psi(n)$ avec :

$$H_x\Psi = \lambda\Psi \text{ et } \sum_{n\in\mathbb{Z}} \frac{|\Psi(n)|^2}{n^2} < +\infty .$$

Démonstration :

D'après la proposition 1.1 nous pouvons choisir deux éléments $e_1(\lambda)$ et $e_2(\lambda)$ et représenter $\ell^2(\mathbb{Z})$ comme l'ensemble des fonctions

$$\lambda \to p_1(\lambda)\ e_1(\lambda) + p_2(\lambda)\ e_2(\lambda) \text{ avec la norme}$$
$$||(p_1,p_2)||^2 = \int (p_1^2\ (\lambda) + p_2^2(\lambda)\ )\ \sigma(x,d\lambda).$$

L'opérateur H_x se représente alors par la multiplication par λ .
Notons $(p_{1,n}(\lambda),\ p_{2,n}(\lambda))$ un représentant de la fonction δ_n , $n\in\mathbb{Z}$. En identifiant la définition de $H_x\ \delta_n$, il vient que nous avons $\sigma(x,.)$ presque partout :

$$p_{i,n+1}(\lambda) + p_{i,n-1}(\lambda) - V_n(\theta^n x)\ p_{i,n}(\lambda) = \lambda\ p_{i,n}(\lambda).$$
$$i = 1,2.$$

Autrement dit en notant $\varphi_\lambda(n) = p_{1,n}(\lambda)$ si $p_{1,n}(\lambda)$ n'est pas identiquement nul, $\varphi_\lambda(n) = p_{2,n}(\lambda)$ sinon, nous obtenons pour $\sigma(x,.)$ presque tout λ une fonction φ_λ sur $\mathbb{Z}$ satisfaisant $H_x \varphi_\lambda = \lambda\, \varphi_\lambda$.

De plus $\sum_{n\in\mathbb{Z}} \frac{|\varphi_\lambda(n)|^2}{n^2} \leq \sum_{n\in\mathbb{Z}} \frac{p_{1,n}^2(\lambda) + p_{2,n}^2(\lambda)}{n^2}$ et l'intégrale de $\sum_{n\in\mathbb{Z}} \frac{|\varphi_\lambda(n)|^2}{n^2}$ en λ est majorée par $\sum_{n\in\mathbb{Z}} \frac{||\delta_n||^2}{n^2} < +\infty$.

La fonction $\sum_{n\in\mathbb{Z}} \frac{|\varphi_\lambda(n)|^2}{n^2}$ est donc $\sigma(x,.)$ presque partout finie ce qui montre le lemme 1.3.

Donc pour M presque tout (x,λ), nous pouvons trouver φ_λ grâce au lemme 1.3. En posant $\phi = \begin{pmatrix} \varphi_\lambda(1) \\ \varphi_\lambda(0) \end{pmatrix}$ nous avons $A_e^{(n)}(x)\, \phi = \begin{pmatrix} \varphi_\lambda(n+1) \\ \varphi_\lambda(n) \end{pmatrix}$ et le vecteur ϕ ne diverge pas. Les mesures M et m x k sont étrangères, q.e.d.

Nous citons maintenant deux exemples classiques d'applications du critère de Pastour 1.2 :

1.4 - Corollaire

Considérons l'équation de Schrödinger à coëfficients indépendants. Alors pour presque tout x, le spectre de M_x est singulier dès que V prend deux valeurs distinctes.

Il suffit en effet d'appliquer le critère de Fürstenberg III.3.5 aux matrices $\begin{pmatrix} e + V & -1 \\ 1 & 0 \end{pmatrix}$ pour montrer que $\lambda(e) > 0$ partout.

Or il est clair que si a est différent de b il n'y a pas de mesure sur P^1 invariante à la fois par l'action des deux matrices $\begin{pmatrix} a & -1 \\ 1 & 0 \end{pmatrix}$ et $\begin{pmatrix} b & -1 \\ 1 & 0 \end{pmatrix}$.

1.5 - Corollaire

Soient $X = R/Z$, $m = dx$, $\theta x = x + \alpha \pmod 1$ pour un nombre α irrationnel et $V(x) = \varepsilon \cos 2\Pi x$. Le spectre de l'opérateur de Schödinger H_x est singulier dès que $|\varepsilon| > 2$.

Il suffit encore d'appliquer le critère de Pastour 1.2 et le lemme 1.6.

.6 - Lemme

Considérons la famille $(X, m, \theta ; A_e)$ où $X = R/Z$, $m = dx$, $\theta x = x + \alpha$ mod 1, α irrationnel et $A_e(x) = \begin{pmatrix} e + \varepsilon\cos 2\Pi x & -1 \\ 1 & 0 \end{pmatrix}$. Alors $\lambda \geq \log \frac{|\varepsilon|}{2}$.

Démonstration de 1.6 (M. Herman) :

Le système (X, m, θ) est isomorphe à la restriction au cercle unité de la multiplication dans C par β, $\beta = e^{2i\Pi\alpha}$.

$$\text{Si } |Z| = 1 \quad A_e(Z) = \begin{pmatrix} e + \frac{\varepsilon Z + \varepsilon Z^{-1}}{2} & -1 \\ 1 & 0 \end{pmatrix} = \frac{1}{Z}\, B_e(Z) \text{ avec}$$

$$\text{avec } B_e(Z) = \begin{pmatrix} \frac{\varepsilon}{2} + eZ + \frac{\varepsilon}{2} Z^2 & -Z \\ Z & 0 \end{pmatrix}.$$

Nous avons à calculer :

$$\lambda = \inf_n \frac{1}{n} \log \int_{|Z|=1} ||A_e(\beta^{n-1} Z) \ldots A_e(Z)||$$

$$= \inf_n \frac{1}{n} \log \int_{|Z|=1} ||B_e(\beta^{n-1} Z) \ldots B_e(Z)||$$

Pour tout $n \geq 1$, la fonction $Z \to B_e(\beta^{n-1}Z) \ldots B_e(Z)$ est holomorphe de C dans $\mathcal{L}(C^2, C^2)$ et donc le logarithme de sa norme est une fonction sous-harmonique. L'intégrale de cette fonction sur le cercle est minorée par sa valeur au centre :

$$\lambda \geq \lim_n \inf \frac{1}{n} ||B_e^n(0)|| = \lim \inf \frac{1}{n} \log||\begin{pmatrix} (\varepsilon/2)^n & 0 \\ 0 & 0 \end{pmatrix}|| = \log \frac{|\varepsilon|}{2}.$$

Références :

Ce paragraphe fait seulement une brève incursion dans un domaine passionnant, aussi bien pour la signification des résultats que par les techniques employées.

Nous citons simplement nos sources : l'argument de Pastour est explicite dans :

L.A. PASTUR : Spectral properties of disordered systems in the One. Body Approximation. Commun. Math. Phys. 75(1980), p. 179-186.

Le résultat 1.4 semble remonter à :

A. CASHER et J. LEBOWITZ : J. Math. Phys. 12(1970) 1701 - 1711

H. MATSUDA et K ISHII : Progress Theor. Phys. Suppl. 45 (1970) 56-89.

Le corollaire 1.5 a été conjecturé par G. André et S. Aubry ; la démonstration de 1.6 que nous donnons est due à M. Herman et se trouve (avec bien d'autres résultats) dans :

M. HERMAN : "Une méthode pour minorer les exposants de Lyapunov et quelques exemples montrant le caractère local d'un théorème d'Arnold et de Moser sur le tore en dimension 2". Prétirage Ecole Polytechnique (1982).

Pour en savoir plus ..., on trouvera une bibliographie pour le cas quasi-périodique (c'est-à-dire $X = R^d / Z^d$, $\theta x = x + \alpha$) dans :

B. SIMON : Almost-periodic Schödinger operators : A review. Adv. in Applied math. (1983)

et pour le cas indépendant ou Markovien dans :

G. ROYER : Etude des opérateurs de Schrödinger à potentiel aléatoire en dimension 1. Bull. Soc. Math. France 110 (1982) p. 27-48.

H. KUNZ et B. SOUILLARD : Commun math. Phys. 78 (1980) 201-246.

J. LACROIX : Localisation pour l'opérateur de Schrödinger aléatoire dans un ruban. Prétirage.

Dans le théorème 1.2 on se trouve en présence d'une famille de matrices aléatoires (X, m, θ, A_e) dépendant d'un paramètre e. Déjà sur cet exemple on peut voir qu'on ne peut pas s'en tirer par un éventuel théorème ergodique sous-additif à valeurs dans un Banach (faux d'après Y. Derriennic et U. Krengel) et que les dépendances en e des objets liés au théorème d'Osseledets ne sont pas simplettes.
Voir à ce sujet I. Golsheid.

Y. DERRIENNIC et U. KRENGEL : Subadditive mean ergodic theorem. Ergod. Th. & Dynam. Syst. I(1981) p. 33-48.

I. GOLSHEID : Asymptotic properties of the product of random matrices depending on a parameter. Advances in Proba. and related topics 6. Multicomponents random systems (1980), p. 239-284.

2. Marche aléatoire sur $\mathbb{Z}$ dans un milieu aléatoire

Soit (X,m,θ) un système ergodique et $p(x,.)$ une application mesurable de X dans l'espace des probabilités sur Z.

On appelle marche aléatoire en milieu aléatoire le processus qui pour chaque x de X est la chaîne de Markov homogène sur Z de probabilité de transition données par :

$$P^x(X^{i+1} = k \mid X^i = \ell) = p(\theta^\ell x, k-\ell).$$

La loi de la marche est obtenue en intégrant en x les lois P^x des chaînes : globalement le processus n'est plus de Markov car le passé donne des informations sur le point x qui dirige la chaîne. Nous supposerons que pour presque tout x la chaîne est irréductible. Nous supposerons également qu'il existe L et R entiers positifs tels que pour presque tout x :

$$p(x, [-L, +R]) = 1 \ , \ p(x, [1,R]) > 0 \text{ et } p(x, [-L, -1]) > 0.$$

La marche a alors en un sens le même comportement asymptotique en presque tout point :

2.1 - Proposition

Sous les hypothèses précédentes :

i) Ou bien pour m presque tout x et tout $n > 0$,

$$\mathbb{P}_0^x \ (\underline{X}(.) \text{ entre dans } [n, +\infty)) = 1$$

ii) Ou bien, pour m presque tout x, on a :

$$\limsup_{n\to+\infty} \frac{1}{n} \log (\mathbb{P}_0^x \ (\underline{X}(.) \text{ entre dans } [n,+\infty))) \leq \lambda < 0.$$

On a également l'alternative symétrique pour l'entrée dans $(-\infty, -n]$.

Nous avons naturellement noté $\mathbb{P}_0^x$ la loi de la chaîne de probabilité de transition $\mathbb{P}^x(k,\ell)$ partant de $X_0 = 0$. Nous démontrerons cette proposition en appendice (paragraphe 3).

2.2 - Corollaire

Les propriétés i) et ii) de 2.1 sont respectivement équivalentes aux propriétés i)' et ii)' :

i)' pour presque tout x, $\limsup_t X_t = +\infty \quad \mathbb{P}_0^x$ p.s.

ii)' pour presque tout x, $\lim_t X_t = -\infty \quad \mathbb{P}_0^x$ p.s.

Comme i) ou ii) sont les seuls cas possibles il suffit de montrer que i)$\Rightarrow$i)' et ii)$\Rightarrow$ii)'.

Si i) est réalisé, nous avons par définition pour tout n,

$$\mathbb{P}_0^x(\limsup_t X_t \geq n) = 1 \qquad \text{q.e.d.}$$

Si ii) est réalisé, nous avons à partir d'un certain rang $\mathbb{P}_0^x(\underline{X}(.)$ entre dans $[n,+\infty) \leq e^{-n(\lambda+\varepsilon)}$ et donc $\limsup_t X_t < +\infty$ $\mathbb{P}_0^x$ p.s. par Borel Cantelli.

Mais par irréductibilité la loi de la variable $\limsup_t X_t$ sur $\mathbb{Z} \cup \{-\infty\} \cup \{+\infty\}$ sous $\mathbb{P}_0^x$ vérifie, pour tout n de $\mathbb{Z}$:

$$\begin{aligned}\mathbb{P}_0^x(\limsup X_t \leq n) &= \mathbb{P}_1^x(\limsup X_t \leq n)\\ &= \mathbb{P}_0^{\theta x}(\limsup X_t \leq n-1)\\ &\leq \mathbb{P}_0^{\theta x}(\limsup X_t \leq n).\end{aligned}$$

Par invariance de m, on a égalité dans l'inégalité ci-dessus ce qui montre à la fois que la loi de $\limsup_t X_t$ est constante et ne charge pas $\{n\}$. Si donc $\limsup_t X_t < +\infty$ $\mathbb{P}_0^x$ p.s., cette loi est portée par $\{-\infty\}$ q.e.d.

2.3 - Théorème

On suppose que $\int \log p(x,-L)\, m(dx) > -\infty$ et $\int \log p(x,R)\, m(dx) > -\infty$.

Soient A(x) la matrice (R+L) x (R+L) donnée par :

$$A(x) = \begin{pmatrix} a_{R-1}(x) & \cdots\cdots & & a_{-L}(x)\\ 1 & 0 & \cdots\cdots & 0\\ 0 & 1 & 0 \cdots\cdots & 0\\ & \vdots & \ddots & \\ 0 & 0 & \cdots\cdots & 1\end{pmatrix}$$

avec $a_j(x) = \dfrac{\delta_{0,j} - p(x,j)}{p(x,R)}$ et $\lambda_1 \geq \lambda_2 \geq \ldots \geq \lambda_{R+L}$ les exposants caractéristiques de la famille $(X,m,\theta\,;A)$.

Nous avons alors les trois cas suivants :

i) $\lambda_R + \lambda_{R+1} < 0$ si et seulement si $X_t \longrightarrow +\infty$ p.s.

ii) $\lambda_R + \lambda_{R+1} = 0$ si et seulement si $-\infty = \liminf_t X_t < \limsup_t X_t = +\infty$ p.s.

iii) $\lambda_R + \lambda_{R+1} > 0$ si et seulement si $X_t \longrightarrow -\infty$ p.s.

Dans le cas où R = L = 1, ce résultat s'écrit :

2.4 - Corollaire

Soient p(x), q(x) deux fonctions positives :

$$p+q \leq 1 \quad -\int \log p < \infty \text{ et } -\int \log q < \infty \ .$$

Posons $p(x,+1) = p(x) \quad p(x,-1) = q(x)$

$$p(x,0) = 1-p(x)-q(x).$$

Le comportement de la marche est déterminé par le signe de $\int \log \frac{p}{q}$.

En effet la matrice s'écrit $A = \begin{pmatrix} \frac{p+q}{p} & -\frac{q}{p} \\ 1 & 0 \end{pmatrix}$ et dans ce cas :

$$\lambda_1 + \lambda_2 = \int \log \ |\det A| \ = \ \int \log \frac{q}{p} = -\int \log \frac{p}{q} \ .$$

Démonstration de 2.3 :

Il est clair d'abord que les hypothèses assurent $\int \log^+ ||A(x)|| \ m(dx) < +\infty$. Soit $m \geq 0$. Considérons la loi $\mathbb{P}^x_m$ de la chaîne de Markov partant de $x_0 = m$ et de probabilités de transition $\mathbb{P}^x(k,1)$. Nous pouvons regarder sous $\mathbb{P}^x_m$ le premier instant τ où la trajectoire est négative. Nous dirons que $\underline{X}$ entre dans $(-\infty,0)$ en j si $X_\infty = j$. Les valeurs possibles de j sont -L,...-1.

Posons $F_j(x,m) = \mathbb{P}^x_m$ ($\underline{X}$ entre dans $(-\infty,0)$ en j) si $m \geq 0$

$F_j(x,m) = \delta_{j,m}$ si $m < 0$.

Nous avons clairement si $m \geq 0$

$$F_j(x,m) = \sum_{n \in \mathbb{Z}} p(\theta^m x, \ n-m) \ F_j(x,n) \tag{1}$$

par la propriété de Markov et la définition de $\mathbb{P}^x$. Nous appelons $\tilde{F}_j(x,m)$ le (R+L) vecteur des coordonnées :

$$\tilde{F}_j(x,m) = \begin{pmatrix} F_j(x,m+R-1) \\ \vdots \\ \vdots \\ F_j(x,m-L) \end{pmatrix}$$

La relation (1) s'écrit alors :

$$\tilde{F}_j(x,m+1) = A(\theta^m x) \ \tilde{F}_j(x,m) \text{ pour } m \geq 0.$$

Montrons d'abord que nous avons $\lambda_{R+1} \leq 0$. Les vecteurs $\tilde{F}_j(x,0)$ sont en effet linéairement indépendants et nous avons :

$$A^{(n)}(x)\ \tilde{F}_j(x,0) = \tilde{F}_j(x,n).$$

Les coefficients de $\tilde{F}_j(x,n)$ étant compris entre 0 et 1, il vient :

$$\limsup_n \frac{1}{n} \log ||A^{(n)}(x)\ \tilde{F}_j(x,0)|| \leq 0.$$

Nous avons ceci pour L vecteurs indépendants, il y a donc au moins L exposants négatifs ou nuls. Nous avons donc bien $\lambda_{R+1} \leq 0$.

Examinons maintenant les deux cas de la proposition 2.1 pour l'entrée dans $(-\infty,-n]$.

2.5 - Lemme

Si $\limsup_n \frac{1}{n} \log \mathbb{P}_0^x(\underline{X}$ entre dans $(-\infty,-n]) \leq \lambda < 0$, alors $\lambda_{R+1} < 0$.

Démonstration de 2.5 :

Pour chacun des L vecteurs indépendants $\tilde{F}_j(x,0)$, d'après I,3.1, $\lim_n \frac{1}{n} \log ||A^{(n)}(x)\ \tilde{F}_j(x,0)||$ existe presque sûrement.

D'autre part, par définition de $\tilde{F}_j(x,m)$,

$$\frac{1}{n} \log ||\tilde{F}_j(x,n)|| \leq \sup_{-L\leq j\leq R} \frac{1}{n} \log (P^x_{n+j}(\underline{X} \text{ entre dans } (-\infty,0)))$$

$$\leq \sup_{-L\leq j\leq R} \frac{1}{n} \log (P_0^{\theta^{n+j}_x}(\underline{X} \text{ entre dans } (-\infty,-n-j)))$$

par définition des chaînes $\mathbb{P}^x$ et $\mathbb{P}^{\theta^{n+j}_x}$.

Par invariance de la mesure m les fonctions $\frac{1}{n} \log(P_0^{\theta^{n+j}_x}$ ($\underline{X}$ entre dans $(-\infty, -n-j)))$ ont même loi que $\frac{1}{n} \log (P_0^x$ ($\underline{X}$ entre dans $(-\infty,-n-j)))$ et donc sont majorées par $\lambda < 0$ sur des ensembles de mesure arbitrairement proches de 1. Les limites presque sûres de $\frac{1}{n} \log||A^{(n)}(x)\ \tilde{F}_j(x,0)||$ sont donc strictement négatives. Il y a donc au moins L exposants négatifs. q.e.d.

Dans l'autre cas, nous avons d'abord un lemme :

2.6 - Lemme

Soient x tel que pour la mesure P_z^x partant de $X_0 = z$, quelque soit $z \geq 0$, la chaîne $\underline{X}$ atteint $(-\infty,0)$ et g une fonction bornée vérifiant :

$$g(m) = \sum_{n\in\mathbb{Z}} p(\theta^n x, n-m)\, g(n) \text{ pour } m \geq 0.$$

Alors $g(m) = \sum_{j=-1}^{-L} g(j)\, F_j(x,m)$.

Démonstration de 2.6 :

Posons $Q^x(k,\ell) = P^x(k,\ell)$ si $k \geq 0$

$= \delta_{k,\ell}$ si $k < 0$.

Nous avons alors pour tout m de Z, $g(m) = \sum_{n\in Z} Q^x(m,n)\, g(n)$.

En notant Q^x_m la loi du processus de Markov de probabilité de transition $Q^x(k,l)$ partant de $Y_0 = m$, d'après l'hypothèse, sous Q^x_m, Y_t finit par atteindre une valeur Y_∞, $-L \leq Y_\infty \leq -1$, et y rester.

Nous avons $Y_\infty = j$ avec la probabilité $F_j(x,m)$. Comme $g(Y_t)$ est une Q^x_m martingale bornée, nous avons :

$$g(m) = \int g(Y_\infty)\, dQ^x_m = \sum_{j=-1}^{-L} g(j)\, F_j(x,m) \qquad \text{q.e.d.}$$

2.7 - Lemme

Si pour presque tout x et tout n, P^x_0 (X entre dans $(-\infty, -n]$) = 1, alors $\lambda_{R+1} = 0$.

Démonstration de 2.7 :

Considérons une application mesurable $\tilde{G}$ de X dans $\mathbb{R}^{R+1}$ correspondant à un exposant strictement négatif m presque partout, c'est à dire tel que $\limsup_n \frac{1}{n} \log ||A^{(n)} \tilde{G}(x)|| < 0$ m.p.s. Nous allons montrer que $\tilde{G}(x)$ appartient au sous-espace engendrée par les vecteurs $\tilde{F}_j(x)$. En effet en posant $g(x,m)$ égal à la R-ième composante du vecteur $A^{(m)}(x)\, \tilde{G}(x)$, nous obtenons pour tout x une suite $g(x,m)$ satisfaisant $g(x,m) = \sum_{n\in\mathbb{Z}} p(\theta^m x, n-m)\, g(x,m)$ pour $m \geq 0$, et qui est bornée pour presque tout x.

D'autre part, par invariance les hypothèses de 2.6 sont satisfaites en presque tout x. Nous avons donc par 2.6, en presque tout x,

$$g(x,m) = \sum_{j=-1}^{-L} g(x,j)\, F_j(x,n),$$

ou encore :

$$\tilde{G}(x) = \sum_{j=-1}^{-L} g(x,j)\, \tilde{F}_j(x).$$

D'après I.3.1 nous venons de voir que tous les exposants strictement négatifs sont obtenus en considérant l'espace de dimension L engendré par les vecteurs $\tilde{F}_i$. Dans cet espace, par hypothèse, il y a aussi le vecteur $\tilde{1}$ de coordonnées constantes toutes égales à 1, $\tilde{1} = \sum_i \tilde{F}_j$.

Ce vecteur $\tilde{1}$ est invariant et donne donc l'exposant 0. Il ne peut y avoir au plus que L-1 exposants strictement négatifs. Nous avons donc $\lambda_{R+1} = 0$, q.e.d.

Revenons à la démonstration du théorème. D'après 2.2, 2.5 et 2.7 nous avons :

$$\lambda_{R+1} = 0 \quad \text{si et seulement si } \lim_t \inf X_t = -\infty \qquad \text{p.s.}$$

$$\lambda_{R+1} < 0 \quad \text{si et seulement si } \lim_t X_t = +\infty \qquad \text{p.s.}$$

Pour examiner le comportement à droite, nous avons à faire le même raisonnement partant de m < 0 et en regardant l'entrée du processus $\underline{X}$ dans $[0,+\infty)$.

Les fonctions $F'_{j,m}$ sont définies par :

$$F'_j(x,m) = P^x_m(\underline{X} \text{ entre dans } [0,+\infty) \text{ en } j) \qquad \text{si } m < 0$$

$$F'_j(x,m) = \delta_{j,m} \qquad \text{si } m \geqq 0$$

pour j=0,..., R-1.

Nous avons encore l'équation (1) mais désormais nous voulons exprimer $F'_j(x,m-L)$ en fonction de $F'_j(x, m+s)$ $s = -L+1, \dots R$. Comme c'est la même équation, nous obtenons une matrice A'(x) et nous devons avoir en posant :

$$\mathcal{F}'_j(x,m) = \begin{pmatrix} F_j(x,m-L) \\ \\ F_j(x,m+R-1) \end{pmatrix}$$

$\mathcal{F}'_j(x,m) = A'(\theta^{-m}x)\, \mathcal{F}'_j(x,m+1)$, $m < -1$ et $J\,A'(x)J = A^{-1}(x)$ si J désigne l'involution qui renverse l'ordre des coordonnées. Les exposants de la famille $(X, \mathcal{G}, m, \theta^{-1}, A')$ sont les mêmes que ceux de $(X, \mathcal{G}, m, \theta^{-1}, A^{-1})$ et d'après I.4.1 sont donc les nombres $-\lambda_{R+L} \geqq \dots\dots \geqq -\lambda_1$.

La même démonstration nous dit alors de considérer le (L+1)ième exposant c'est-à-dire $-\lambda_R$, et que :

$-\lambda_R = 0$ si et seulement si $\limsup_t X_t = +\infty$ p.s.

$-\lambda_R < 0$ si et seulement si $\lim_t X_t = -\infty$ p.s.

En comparant ces résultats et en examinant les différentes possibilités, $\lambda_R > 0$ et $\lambda_{R+1} < 0$ est impossible et les autres cas correspondent à l'énoncé du théorème 2.3 .

Remarques et références :

Les résultats de ce paragraphe (et du suivant) sont empruntés à la thèse d'Eric Key (Cornell University - Janvier 83). Le corollaire 2.4 est dû à Solomon.

F. SOLOMON : Random walks in a random environment . Ann. Proba 3(1975) p. 1-31.

Le lemme 2.6 est classique. Voir par exemple :

J.M. MERTENS. E. SAMUEL-COHN, S.YAMIR : J. Appl. Proba. 15 (1978) 848-851.

La discussion, en général, de l'irréductibilité est assez délicate. Voir E. Key pour le cas indépendant.

3. Appendice. Démonstration de la proposition 2.1

Fixons x dans X et posons Q(x,j) la probabilité sur $\{1,2,\ldots, R, \Delta\}$ définie par :

$$Q(x,j) = P_0^x(\underline{X}_\tau = j \quad \text{si } \tau \text{ est le premier instant où } \underline{X}. > 0$$

$$Q(x,\Delta) = 1 - \sum_{j=1}^{R} Q(x,j) .$$

La chaîne de Markov $\underline{Y}$ sur $N \cup \Delta$ de probabilités de transition :

$$Q^x(Y_{k+1} = m + n \mid Y_k = n) = Q(\theta^n x, m)$$

si n appartient à N, m = 1,2,... R, Δ

et $$Q^x(Y_{k+1} = \Delta | Y_k = \Delta) = 1$$

est le processus des avancées successives du processus X dirigé par le même point x de X.

Si $\int Q(x,\Delta)\, m(dx) = 0$, pour presque tout x, le processus $\underline{Y}$ reste dans N et progresse de au moins un à chaque instant.

Le processus $\underline{X}$ entre donc dans chaque demi-droite $[n,+\infty)$ et on est dans le cas i).

Supposons au contraire que $\int Q(x,\Delta)\, m(dx) > 0$. Si le point x est tel que le processus $\underline{X}$ dirigé par x entre dans $[n,+\infty)$, il a dû faire au moins $\left[\frac{n}{R}\right] - 1$ avancées. Le processus $\underline{Y}$ n'est donc pas tombé en Δ avant le $(\left[\frac{n}{R}\right] - 1)^{\text{ème}}$ instant. Ceci montre que :

(1) $$P_0^x\ (\underline{X} \text{ entre dans } [n,+\infty\ )) \leq Q_0^x\ (Y_{\left[\frac{n}{R}\right]-1} \neq \Delta\ ) .$$

Pour estimer le deuxième membre de (1) remarquons d'abord que pour tout x et tout j=1,...,R, il existe une trajectoire du processus $\underline{X}$, finie et de probabilité positive telle que :

$$X_0 = 0 \quad X_i < 0 \quad 0 < i < s_x \qquad X_{s_x} = -\, j,$$

et que nous avons

$$Q(x,\Delta) \geq \tau_j(x) \text{ en posant :}$$

$$\tau_j(x) = P_0^x(X_i = x_i \quad 0 \leq i \leq s_x)\ \ Q(\theta^{-j}\, x, \Delta) .$$

Remarquons alors que si $\sigma(x) = \inf_{0 \leq j \leq R} \tau_j(\theta^j x)$ nous avons $\sigma(x) > 0$ sur un ensemble de mesure positive et que $Q(x,\Delta) \geq \sup_{0 \leq j \leq R} \sigma(\theta^{-j} x)$.

Soit B_ρ le sous-ensemble de X où $\sigma(x) > \rho$ et choisissons $\rho > 0$ tel que $m(B_\rho) > 0$ et x dans l'ensemble de mesure 1 où les moyennes $\frac{1}{n} \sum_{i=0}^{n-1} \chi_{B_\rho}(\theta^i x)$ convergent vers $m(B_\rho)$.

Nous découpons alors N en intervalles disjoints $[n_t, n_t + R]$ $t = 0,1,\ldots$ tels que $\theta x^{n_t} \in B_\rho$ et $\theta^j x \notin B_\rho$ sur le complémentaire.

De chaque suite strictement croissante de pas inférieur à R $y_1, y_2, \ldots y_j$, nous extrayons la sous-suite y'_t où y'_t est le premier élément de la suite y_i dans l'intervalle $[n_{2t}, n_{2t} + R]$ $n_{2t} \leq j$, $t = 1,\ldots$

Il est facile de voir que la sous-suite y'_t a au moins $\frac{1}{2(R+2)} \sum_{i=0}^{j} \chi_{B_\rho}(\theta^i x)$ éléments et que par construction $Q(\theta^{y'_t} x,\Delta) \geq \rho$ pour tout t.

Nous pouvons alors estimer le deuxième membre de (1) par :

$$\sum_{y_1,\ldots y_{[\frac{n}{R}]-1}} Q(x,y_1)\, Q(\theta^{y_1} x, y_2) \ldots Q(\theta^{y_{[\frac{n}{R}]-2}} x, y_{[\frac{n}{R}]-1})$$

où la somme porte sur toutes les suites croissantes de pas $\leq$ R.

En découpant selon la sous-suite y'_t associée à v_j , en majorant pour toutes les suites où $y'_t = y_{a(t)}$ la somme $\sum_{y_{a(t)+1}} Q(\theta^{y_{a(t)}} x, y_{a(t)+1})$ par $1-Q(\theta^{y'_t} x,\Delta) \leq 1 - \rho$, nous obtenons :

$$Q_0^x (y_{[\frac{n}{R}]-1} \neq \Delta) \leq (1-\rho)^{\frac{1}{2(R+2)} \sum_{i=0}^{[\frac{n}{R}]-1} \chi_{B_\rho}(\theta^i x)}.$$

Nous obtenons donc d'après (1) pour presque tout x :

$$\limsup_n \frac{1}{n} \log P_0^x (\underline{X} \text{ entre dans } [n, +\infty))$$

$$\leq \limsup_n \left(\frac{1}{2n(R+2)} \sum_{i=0}^{[\frac{n}{R}]-1} \chi_{B_\rho}(\theta^i x)\right) \times \log(1-\rho)$$

$$\leq \frac{m(B_\rho)}{2R(R+2)} \log(1-\rho) < 0.$$

Ceci achève la démonstration de 2.1.

REFERENCES GENERALES

- P. BILLINGSLEY : Ergodic theory and information. Wiley and Sons (1965).

- H. FÜRSTENBERG : Non-commuting random products Transactions Amer. Math. Soc. 108 (1963) p. 377-428.

- H. FURSTENBERG and H. KESTEN : Products of random matrices. Ann. Math. Stat. 31 (1960) p. 457-469.

- Y. GUIVARC'H : Quelques propriétés asymptotiques des produits de matrices aléatoires. Ecole d'été de probabilités de Saint-Flour VIII 1978. Springer Verlag in maths. 774 (1980).

- G. LETAC V. SESHADRI : Z für W. 62 (1983) p. 485-489.

- R. MANE : A proof of Pesin's formula. Ergod th. and Dynam. Sys 1(1981) 77-93.

- V.I. OSELEDEC : A multiplicative ergodic theorem. Lyapunov characteristic numbers for dynamical systems. Trans. Mocow Math. Soc. 19 (1968)197-231.

- Ya. B. PESIN : Lyapunov characteristic exponents and Smooth ergodic theory Russ. Math. Surveys 32;4 (1977) 55-114.

- D. RUELLE : Ergodic theory of differentiable dynamical systems. Publ. Math. IHES 50 (1979) 27-58.

- L.S. YOUNG : Dimension, entropy and Lyapunov exponents. Ergod. th. and Dynam. syst. II (1982) p. 109-124.